Rakesh Goyal
Shivika Rajpal
Monika Rani

Redes ópticas integradas sem fios baseadas na tecnologia de rádio sobre fibra

Rakesh Goyal
Shivika Rajpal
Monika Rani

Redes ópticas integradas sem fios baseadas na tecnologia de rádio sobre fibra

ScienciaScripts

Imprint

Any brand names and product names mentioned in this book are subject to trademark, brand or patent protection and are trademarks or registered trademarks of their respective holders. The use of brand names, product names, common names, trade names, product descriptions etc. even without a particular marking in this work is in no way to be construed to mean that such names may be regarded as unrestricted in respect of trademark and brand protection legislation and could thus be used by anyone.

Cover image: www.ingimage.com

This book is a translation from the original published under ISBN 978-620-2-19721-2.

Publisher:
Sciencia Scripts
is a trademark of
Dodo Books Indian Ocean Ltd. and OmniScriptum S.R.L publishing group

120 High Road, East Finchley, London, N2 9ED, United Kingdom
Str. Armeneasca 28/1, office 1, Chisinau MD-2012, Republic of Moldova, Europe
Printed at: see last page
ISBN: 978-620-8-04312-4

Índice

Abreviaturas

ASE	Amplified Spontaneous Emission
ASK	Amplitude Shift keying
BS	Base Stations
BER	Bit Error Rate
DC	Direct Current
DML	Directly Modulated Lasers
DFB	Distributed Feedback
E/O	Electrical-to-Optical
EAM	Electro Absorption Modulator
EDFA	Erbium Doped Fiber Amplifiers
IM/DD	Intensity Modulation / Direct Detection
LAN	Local Area Network
LO	Local Oscillator
MZM	Mach-Zehnder Modulator
MA	Medium Access Control
MMF	Multimode Fiber
O/E	Optical-to-Electrical
PD	Photodiode
RF	Radio Frequency
RoF	Radio over Fiber
RIN	Relative Intensity Noise
SNR	Signal-to-Noise Ratio

CAPÍTULO-1

INTRODUÇÃO

1.1 O crescimento das comunicações sem fios

A procura de conetividade sem fios aumentou muito na última década e ainda mais nos últimos anos. As pessoas exigem ligações rápidas que possam suportar todas as nossas necessidades sem fios e as dos outros. A nossa procura de conetividade, velocidade e apoio está a atingir o seu ponto mais alto de sempre e a aumentar [1]. Um dos principais catalisadores deste enorme crescimento é a migração dos utilizadores da Internet das redes fixas para as redes móveis. Estatísticas recentes mostram que a utilização da Internet, uma ferramenta de comunicação fiável na sociedade atual, aumenta 40% por ano na América do Norte e cerca de 20% a nível mundial. Na tecnologia sem fios, os dados são transmitidos através do ar, constituindo uma plataforma ideal para alargar o conceito de rede doméstica à área dos dispositivos móveis em casa. Consequentemente, a tecnologia sem fios é apresentada como um novo sistema que complementa as soluções de ligação em rede da linha telefónica e da linha eléctrica. Agora que 90% dos adultos possuem telemóveis, muitos estão a abandonar as linhas fixas e a optar por um sistema totalmente sem fios nas suas casas. Além disso, o desenvolvimento de serviços de elevada largura de banda, como o vídeo a pedido, a televisão de alta definição (HDTV), os jogos interactivos, a videoconferência e a voz sobre IP (VOIP), também contribuiu para as necessidades de largura de banda. A partir de dispositivos portáteis, como os telemóveis inteligentes e os tablets, é possível aceder à maioria dos serviços acima mencionados, que estão a tornar-se acessíveis devido à concorrência entre diferentes fabricantes. Os telemóveis inteligentes são cada vez mais utilizados para aceder a aplicações e serviços de elevada largura de banda, apoiados pelo desenvolvimento da eletrónica digital de elevado desempenho [1, 2].

O crescimento das comunicações sem fios pode ser quantificado em termos do número de assinantes de serviços móveis celulares e de banda larga móvel. A figura 1.1 mostra o aumento anual das assinaturas de diferentes sistemas de comunicação, compilado pela União Internacional das Telecomunicações (UIT). As assinaturas são apresentadas por 100 habitantes entre 2000 e 2010 [2]. O número de assinantes de linhas telefónicas fixas e de banda larga era mais elevado por volta do ano 2000 do que o dos seus homólogos móveis. Mas, em 2001, o número de assinantes de serviços móveis ultrapassou o número de assinantes de serviços telefónicos fixos. Em meados de 2007, devido sobretudo ao desenvolvimento dos telemóveis inteligentes e dos tablets, as assinaturas de serviços móveis de banda larga ultrapassaram as assinaturas de banda larga fixa. A penetração dos assinantes de telefonia móvel aumentou para 76,2% em 2010, enquanto a penetração dos assinantes de banda larga móvel aumentou para 13,6%, como mostra a figura 1.1. A figura 1 mostra também que o número de utilizadores da Internet aumentou de forma constante ao longo da década, atingindo 30,1% em 2010 [2].

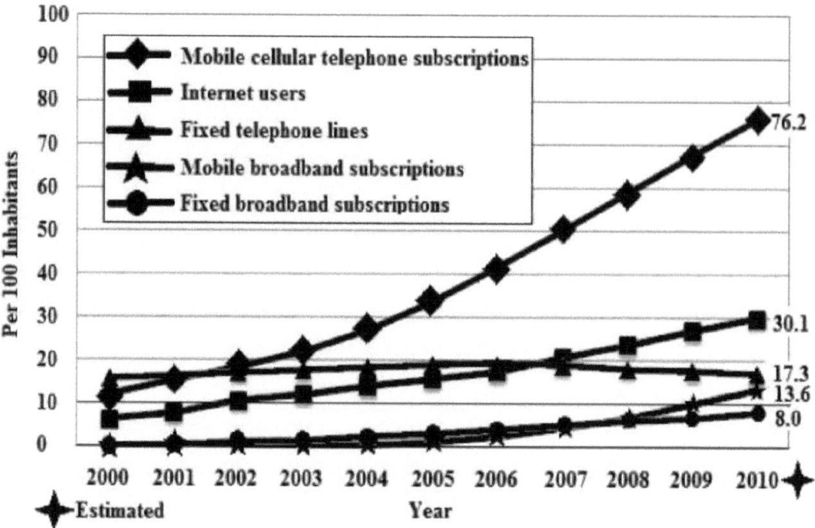

Figura 1.1: Assinaturas globais de telecomunicações por 100 habitantes [2]

1.2 Desafios nas comunicações sem fios

1. Limitações do espetro

O espetro tem de ser utilizado de forma altamente eficiente porque o espetro disponível para os serviços de comunicações sem fios é limitado e regulado por acordos internacionais. A rede celular é um bom exemplo. Nesta rede, toda a área de cobertura é dividida em áreas de serviço mais pequenas, denominadas células, como mostra a figura 1.2. No centro de cada célula é colocada uma estação de base para servir um certo número de dispositivos móveis [3]. Para

Para evitar interferências indesejadas, as células A a G utilizam frequências diferentes. Este conjunto de células é designado por sector. O número de canais de frequência de pares (ligação ascendente/desligação descendente) é atribuído a cada célula do mesmo sector. O desafio consiste em conceber esquemas eficientes de atribuição de canais, a fim de gerir eficazmente a largura de banda disponível. Para avaliar o desempenho da rede, as métricas estatísticas de base são a probabilidade de bloqueio (tentativas infrutíferas de novas chamadas) e a probabilidade de abandono (chamadas abandonadas devido a transferências infrutíferas).

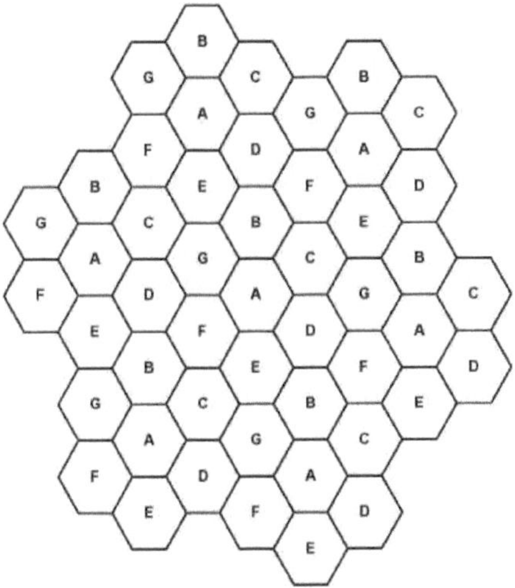

Figura 1.2: Estrutura da rede celular [3]

2. Propagação multipercurso

Nas comunicações sem fios, o meio de transmissão é o canal de rádio entre o transmissor Tx e o recetor Rx. Na maioria dos casos, não existe uma ligação de linha de vista (LOS) entre o transmissor e o recetor. Devido a obstáculos físicos ou artificiais, o sinal transmitido viaja por diferentes caminhos, como mostra a figura 1.3. O recetor não consegue distinguir todos os componentes do multipercurso [3]. O número de caminhos de propagação possíveis é muito grande. Cada um dos caminhos tem uma amplitude distinta, um atraso (tempo de execução do sinal), uma direção de partida do TX e uma direção de chegada; mais importante ainda, os componentes têm diferentes desvios de fase em relação uns aos outros. As diferentes fases dos sinais recebidos podem causar interferências construtivas ou destrutivas. É muito difícil manter boas comunicações com as condições de propagação multipercurso existentes (fenómeno de desvanecimento, etc.).

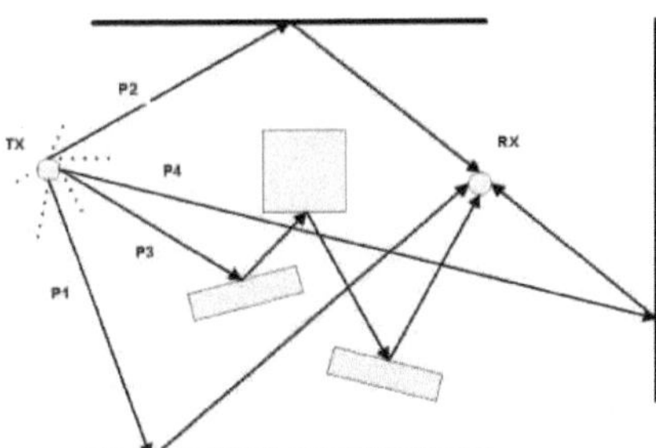

Figura 1.3: Propagação multipercurso [3]

3. Energia limitada

As comunicações verdadeiramente sem fios exigem não só que a informação seja enviada pelo ar (e não através de cabos), mas também que o MSC (Mobile Switching Center) seja alimentado por baterias unidireccionais ou recarregáveis [4]. Caso contrário, uma MSC estaria ligada ao fio da fonte de alimentação, as baterias, por sua vez, impõem restrições ao consumo de energia dos dispositivos. A exigência de um pequeno consumo de energia resulta em vários imperativos técnicos:

- Os amplificadores de potência do transmissor têm uma eficiência elevada

- O processamento de sinais deve ser efectuado de forma a poupar energia.

- A potência máxima de transmissão só deve ser utilizada quando necessário.

- Para os telemóveis, e mais ainda para as redes de sensores, é necessário definir um modo de "espera" ou de "sono" eficiente em termos energéticos.

4. Qualidade do serviço

Um dos aspectos mais importantes de uma rede celular é o facto de um certo número de chamadas não conseguir estabelecer uma ligação inicial. Podem ser indicadas duas medidas para lidar com as tentativas de chamada sem êxito: as novas chamadas nunca atendidas e as chamadas com êxito em atraso (à espera da ligação inicial). A qualidade do serviço no período de maior movimento do dia pode ser expressa como grau de serviço (GoS) ou qualidade de serviço (QoS). Para medir

Nível GoS ou Qualidade de Serviço podem ser definidos dois requisitos, como a probabilidade de bloqueio e o atraso no estabelecimento da chamada. [5]. A QoS nos serviços multimédia refere-se à garantia do tempo de entrega em aplicações em tempo real. Quando chega uma nova chamada e a rede não consegue atribuir-lhe um canal, diz-se que essa chamada está bloqueada. A probabilidade de bloqueio P $_{de\ bloqueio}$ é calculada a partir do rácio

$$P_{blocking} = \frac{\text{number of blocked calls}}{\text{number of calls}} \tag{1}$$

Se a potência recebida de cada utilizador for suficientemente elevada, podemos partir do princípio de que a interferência de outros utilizadores pode ser ignorada. A probabilidade de abandono P_{fc} é calculada a partir do rácio

$$P_{fc} = \frac{\text{number of forced calls}}{\text{number of calls} - \text{number of blocked calls}} \tag{2}$$

5. Mobilidade dos utilizadores

A mobilidade é uma caraterística inerente à maioria dos sistemas sem fios e tem consequências importantes para a conceção do sistema. A continuidade da ligação de um utilizador em movimento é uma questão crítica e depende também do requisito de QoS. Muitos utilizadores em movimento provocam um funcionamento ineficaz do BS e do MSC. Devem ser concebidos novos métodos inteligentes para apoiar em tempo real os utilizadores em movimento e minimizar a probabilidade de queda de chamadas [6]. Se houver uma chamada recebida para um determinado MS (utilizador), a rede tem de saber em que célula o utilizador está localizado. Se um MS se deslocar para além da fronteira de uma célula, uma BS diferente torna-se a BS de serviço, ou seja, o MS é transferido de uma BS para outra. Essa transferência tem de ser efectuada sem interromper a chamada, não devendo, aliás, ser de todo percetível para o utilizador.

1.3 Introdução à comunicação por fibra ótica

Uma fibra ótica é uma haste fina de vidro de alta qualidade através da qual a luz pode ser transmitida. A ciência que trata da ciência aplicada e da engenharia relacionada com a conceção e aplicação de fibras ópticas é designada por fibra ótica. As fibras ópticas podem ser utilizadas para transmitir luz e, consequentemente, informação a longas distâncias [7]. A comunicação por fibra ótica é um método de transmissão de informação de um local para outro através do envio de impulsos de luz através de uma fibra ótica. Foi desenvolvido pela primeira vez na década de 1970. Desempenhou um papel importante no advento da informação. Devido às suas vantagens sobre a transmissão eléctrica, as fibras ópticas substituíram largamente as comunicações por fio de cobre nas redes principais do mundo desenvolvido. A capacidade das fibras para a transmissão de dados é enorme: uma única fibra de sílica pode transportar centenas de milhares de canais telefónicos, utilizando apenas uma pequena parte da capacidade teórica. Nos últimos 30 anos, o progresso relativo às capacidades de transmissão das ligações de fibra foi significativamente mais rápido do que, por exemplo, o progresso na velocidade ou na capacidade de armazenamento dos computadores. São largamente utilizadas para telefonia, mas também para o tráfego na Internet, redes locais longas de alta velocidade (LAN), televisão por cabo (CATV) e, cada vez mais, também para distâncias mais curtas no interior de edifícios. Na maioria dos casos, são utilizadas fibras de sílica, exceto em distâncias muito curtas, em que as fibras ópticas de plástico podem ser vantajosas [8, 9].

Com o avanço dos sistemas de comunicação, é necessária uma grande largura de banda para enviar mais dados a uma velocidade superior. A tecnologia de comunicação ótica oferece a solução para uma maior largura de banda. Com o desenvolvimento das redes ópticas, é possível obter uma maior capacidade de transmissão a uma distância de transmissão mais longa. As perdas de luz que se propagam nas fibras são incrivelmente pequenas $\approx 0,2$ dB/km para as modernas fibras de sílica monomodo, pelo que podem ser percorridas muitas dezenas de quilómetros sem amplificar os sinais [10]. Para atingir taxas de dados mais elevadas, estas redes ópticas necessitarão de conversão rápida e eficiente do comprimento de onda, multiplexagem, separador ótico, combinador ótico, processamento aritmético e função add-drop, etc.

1.3.1 Processo de comunicação por fibra ótica

As redes de comunicações ópticas são uma parte essencial da infraestrutura de telecomunicações a nível mundial. O processo de comunicação por fibra ótica envolve as seguintes etapas básicas: Criar o sinal ótico envolvendo o uso de um transmissor, retransmitir o sinal ao longo da fibra, garantir que o sinal não se torne demasiado distorcido ou fraco, receber o sinal ótico e convertê-lo num sinal elétrico [11]. Por conseguinte, os modernos sistemas de comunicação por fibra ótica incluem geralmente um emissor ótico para converter um sinal elétrico num sinal ótico a enviar para a fibra ótica, um cabo que contém feixes de múltiplas fibras ópticas que é encaminhado através de condutas subterrâneas e edifícios, vários tipos de amplificadores e um recetor ótico para recuperar o sinal como sinal elétrico. A informação transmitida é normalmente informação digital gerada por computadores, sistemas telefónicos e empresas de televisão por cabo. O diagrama do sistema de comunicação por fibra ótica é apresentado na figura 1.4.

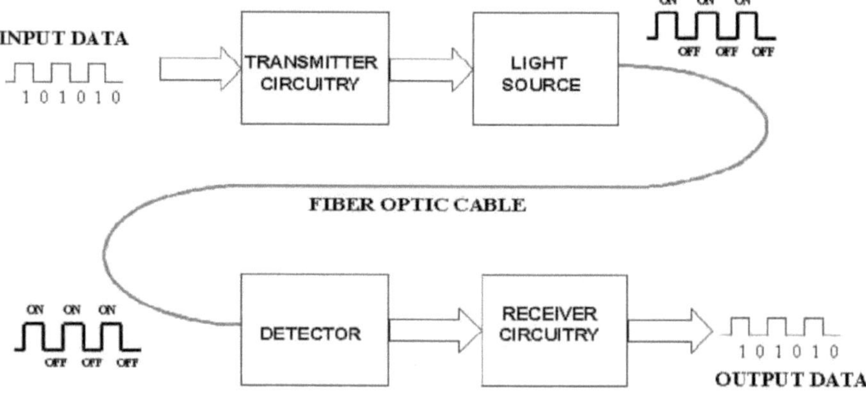

Figura 1.4: Sistema de Comunicação por Fibra Ótica [11]

1.3.2 Motivação para a utilização de sistemas de fibra ótica

A fibra ótica é utilizada por muitas empresas de telecomunicações para transmitir sinais telefónicos, comunicações via Internet e sinais de televisão por cabo. No entanto, o desenvolvimento de infra-estruturas nas cidades era relativamente difícil e moroso e os sistemas de fibra ótica eram complexos e dispendiosos de instalar e operar [12, 13]. Devido a estas dificuldades, os sistemas de comunicação por fibra ótica têm sido instalados principalmente em aplicações de longa distância, onde podem ser utilizados em toda a sua capacidade de transmissão, compensando o custo acrescido. Desde 2000, os preços das comunicações por fibra ótica baixaram consideravelmente. O preço da instalação de fibra ótica ao domicílio tornou-se atualmente mais económico do que o da instalação de uma rede baseada em cobre. As vantagens da utilização de comunicações por fibra ótica são [14]:

1. Longa distância de transmissão:

As fibras ópticas podem ser utilizadas para enviar os dados a distâncias maiores e mais rapidamente. Têm perdas de transmissão mais baixas do que os fios de cobre, reduzindo assim o número de repetidores intermédios necessários para esses percursos. Esta redução do equipamento e dos componentes diminui o custo e a complexidade do sistema.

2. Grande capacidade de informação:

As fibras ópticas podem ser utilizadas para enviar mais informações simultaneamente através de uma única linha, uma vez que têm larguras de banda ópticas mais largas do que os fios de cobre. Esta propriedade resulta numa diminuição do número de linhas físicas necessárias para enviar uma determinada quantidade de informação.

3. Imunidade a interferências eléctricas:

Uma caraterística especialmente importante das fibras ópticas está relacionada com o facto de não conduzirem eletricidade. São constituídas por materiais dieléctricos, o que torna as fibras ópticas imunes aos efeitos de interferência electromagnética observados nos fios de cobre, tais como a captação indutiva de outros fios portadores de sinais adjacentes ou o acoplamento de ruído elétrico na linha proveniente de qualquer tipo de equipamento próximo.

4. Tamanho pequeno e peso reduzido:

O baixo peso e as pequenas dimensões das fibras oferecem uma vantagem distinta em relação aos pesados e volumosos cabos metálicos em condutas urbanas subterrâneas lotadas ou em suportes de cabos montados no teto. Isto também é importante em aviões, satélites e navios, onde cabos pequenos e leves são vantajosos, e em aplicações militares tácticas, onde grandes quantidades de cabos têm de ser desenroladas e recuperadas rapidamente.

5. Maior segurança do sinal:

Uma fibra ótica tem o sinal ótico bem confinado dentro da fibra e quaisquer emissões de sinal são absorvidas por um revestimento opaco à volta da fibra. Isto oferece um elevado grau de segurança dos dados, ao contrário do que acontece com os fios de cobre, em que os sinais eléctricos podem ser facilmente captados.

6. Segurança reforçada:

As fibras ópticas não apresentam os problemas de loops de terra, faíscas e tensões potencialmente elevadas inerentes às linhas de cobre. No entanto, é necessário observar as precauções relativas às emissões de luz laser para evitar possíveis lesões oculares.

1.4 Deficiências de transmissão em fibras ópticas

1.4.1 Atenuação em Fibras Ópticas

A atenuação é definida como a perda de potência ótica ao longo de uma determinada distância. Uma fibra com uma atenuação mais baixa permitirá que mais potência chegue ao recetor do que uma fibra com uma atenuação mais elevada. A atenuação do sinal na fibra ótica é normalmente expressa em decibéis por unidade de comprimento (ou seja, dB/km).

$$\text{Loss in decibel (dB)} = 10 \log_{10} (Pi/Po) \tag{1}$$

onde Pi e Po são as potências ópticas transmitida e de saída, respetivamente [15]. A Figura 1.5 mostra a perda de atenuação de uma fibra em função do comprimento de onda. Nos sistemas de comunicação ótica actuais, são utilizadas três bandas de comprimento de onda: 0,85 μm, 1,3 μm e 1,55 μm, onde esta última banda proporciona a menor atenuação de 0,23dB/Km. Na figura 5, o pico de perda na região de 1400 nm é devido às impurezas de iões hidroxilo (OH⁻) na fibra [15, 16].

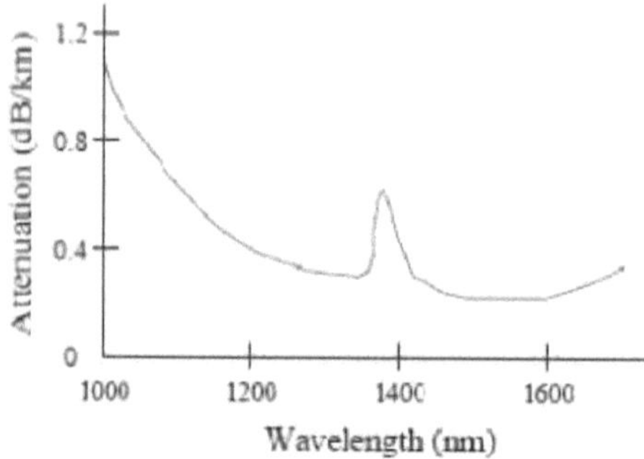

Figura 1.5: Atenuação de uma fibra ótica [16]

1.4.2 Dispersão

É definido como o espalhamento dos impulsos de luz à medida que estes percorrem a fibra. É causado quando diferentes componentes do sinal transmitido viajam a diferentes velocidades na fibra, chegando em momentos diferentes ao recetor [17]. Devido ao efeito de espalhamento, os impulsos tendem a sobrepor-se, tornando-os ilegíveis para o recetor, o que constitui um problema crítico a resolver. Cria distorção tanto na transmissão digital como na analógica.

A dispersão limita a largura de banda máxima possível numa determinada fibra. O alargamento do impulso é um problema muito comum criado pela dispersão na transmissão digital. Assim, a dispersão limita a taxa máxima de transmissão. Esta aumenta com o aumento do comprimento da fibra ótica. Para a evitar, a taxa de bits digital deve ser inferior ao recíproco da duração do impulso alargado. As formas importantes de dispersão são: **1.4.2.1 Dispersão modal**

A diferença de atraso de propagação entre os diferentes modos nas fibras multimodo é responsável pela dispersão intermodal e, por conseguinte, pelo alargamento dos impulsos. As diferentes velocidades de grupo com que os modos viajam através da fibra criam o principal problema. Raios diferentes levam um tempo mais curto ou mais longo para percorrer o comprimento da fibra. O raio que passa diretamente pelo centro do núcleo sem refletir, chega primeiro à outra extremidade, os outros raios chegam mais tarde. Assim, a luz que entra na fibra ao mesmo tempo sai na outra extremidade em tempos diferentes. A luz espalhou-se no tempo. O espalhamento da luz é designado por dispersão modal [17]. A dispersão modal é o tipo de dispersão que resulta da variação dos comprimentos de percurso modais na fibra. As fibras multimodo de índice degrau apresentam uma grande quantidade de dispersão intermodal, ao passo que numa fibra monomodo pura não há dispersão intermodal. Ao adotar um perfil de índice de refração ótimo (perfil parabólico na maioria das fibras de índice graduado), podemos reduzir drasticamente a dispersão intermodal.

1.4.2.2 Dispersão cromática

A dispersão cromática é causada por diferenças de atraso entre as velocidades de grupo dos diferentes comprimentos de onda que compõem o espetro da fonte. A consequência da dispersão cromática é um alargamento dos impulsos transmitidos. A dispersão cromática deve-se essencialmente a duas contribuições: a dispersão do material e a dispersão da guia de ondas, que são discutidas de seguida.

1.4.2.3 Dispersão de materiais

Comprimentos de onda diferentes também viajam a velocidades diferentes através de uma fibra, no mesmo modo, como $n = c/v$, onde n é o índice de refração, c é a velocidade da luz no vácuo e v é a velocidade do mesmo comprimento de onda no material [18]. O valor de v na equação muda para cada comprimento de onda, pelo que o índice de refração muda de acordo com o comprimento de onda. A dispersão resultante deste fenómeno é designada por dispersão material, uma vez que resulta das propriedades do material da fibra. Cada onda muda de velocidade de forma diferente, cada uma é refractada de forma diferente. A luz branca que entra no prisma contém todas as cores. O prisma refracta a luz e a sua velocidade muda à medida que entra no prisma. A luz vermelha é a que menos se desvia e a que viaja mais depressa. A luz violeta é a que se desvia mais e é a mais lenta.

1.4.2.4 Dispersão de guia de ondas

A dispersão da guia de onda, mais significativa numa fibra monomodo, ocorre porque a energia ótica viaja tanto no núcleo como no revestimento, que têm índices de refração ligeiramente diferentes. A energia viaja a velocidades ligeiramente diferentes no núcleo e na camada de revestimento devido aos índices de refração ligeiramente diferentes dos materiais. A alteração das estruturas internas da fibra permite que a dispersão do guia de ondas seja substancialmente alterada, mudando assim a dispersão global especificada da fibra [19].

1.4.2.5 Dispersão do modo de polarização

A dispersão do modo de polarização (PMD) está relacionada ao atraso de grupo diferencial (DGD), a diferença de tempo nos atrasos de grupo entre dois modos polarizados ortogonais, que causa espalhamento de pulso em sistemas digitais e distorções em sistemas analógicos. Em fibras ideais com simetria circular, os dois modos de polarização se propagam com a mesma velocidade. No entanto, as fibras reais não podem ser perfeitamente circulares e podem sofrer tensões locais; a luz que se propaga é dividida em dois modos de polarização. Estes dois modos de polarização locais viajam a velocidades diferentes, causando um espalhamento de impulsos em sistemas digitais.

1.5 Não-linearidades em fibras ópticas:

Se o nível de potência transmitida for elevado ou se as taxas de bits excederem 10 Gbits/s, os efeitos não lineares tornam-se importantes e devem ser tidos em conta na conceção de sistemas de comunicação por fibra ótica. Os efeitos não lineares resultam de (1) variações dependentes da intensidade no índice de refração da fibra, como a modulação de fase própria, a modulação de fase cruzada e a mistura de quatro ondas (FWM) (2) processos inelásticos não lineares, como a dispersão Raman estimulada (SRS) e a dispersão Brillioun estimulada (SBS) [20,21].

1.5.1 Modulação de fase própria

A modulação autofásica (SPM) é um efeito importante nos sistemas ópticos que utilizam impulsos de luz curtos e intensos, como os lasers e os sistemas de comunicações por fibra ótica. Trata-se de um efeito ótico não linear da interação luz-matéria. Quando um impulso ultracurto de luz viaja num meio, induz uma variação do índice de refração do meio devido ao efeito Kerr ótico. Esta variação do índice de refração produzirá uma mudança de fase no impulso, conduzindo a uma alteração do espetro de frequência do impulso [20]. Uma vez que esta modulação de fase não linear é auto-induzida, o fenómeno não linear responsável por ela é designado por modulação de fase auto-induzida.

1.5.2 Modulação de fase cruzada (XPM)

A SPM é a principal limitação não linear num sistema de canal único. Num sistema multicanal, ocorre outro fenómeno conhecido como modulação de fase cruzada (XPM), quando um comprimento de onda da luz pode afetar a fase de outro comprimento de onda da luz através do efeito Kerr ótico. A XPM conduz a diafonia entre canais no sistema WDM. A modulação de fase cruzada é a alteração da fase ótica de um feixe de luz causada pela interação com outro feixe num meio não linear, especificamente um meio Kerr. A XPM prejudica o desempenho do sistema através do mesmo mecanismo que a SPM: frequência de chirping e dispersão cromática. Mas o XPM pode danificar o sistema ainda mais do que o SPM.

1.5.3 Mistura de quatro ondas (FWM)

A mistura de quatro ondas (FWM) é um fenómeno de intermodulação em ótica não linear, em que as interações entre dois comprimentos de onda produzem dois comprimentos de onda adicionais no sinal. A mistura de quatro ondas é um dos efeitos de degradação do sinal mais dominantes no sistema de multiplexagem por divisão do comprimento de onda [20]. Ocorre basicamente com o espaçamento denso entre canais e a baixa dispersão cromática. Os canais no sistema WDM são igualmente espaçados e as novas ondas geradas pela FWM cairão nas frequências dos canais e, assim, darão origem a diafonia.

Quando três frequências (f_1, f_2 e f_3) interagem num meio não linear, dão origem a um quarto comprimento de onda (f_4) que é formado pela dispersão dos fotões incidentes, produzindo o quarto fotão.

Dadas as entradas f_1, f_2 e f_3, o sistema não linear produzirá

$$f_1 \pm f_2 \pm f_3 \tag{2}$$

sendo os sinais mais prejudiciais para o desempenho do sistema calculados como

$$f_{ijk} = f_i + f_j - f_k \quad \text{where } i,\, j \neq k \tag{3}$$

Uma vez que estas frequências estarão próximas de uma das frequências de entrada. A partir de cálculos com os três sinais de entrada, verifica-se que são produzidas 12 frequências de interferência, três das quais se encontram numa das frequências de entrada originais.

1.1.4 Dispersão Raman Estimulada (SRS)

A dispersão Raman ou efeito Raman é a dispersão inelástica de um fotão. A dispersão Raman estimulada em fibras ópticas é um importante fenómeno não linear [21]. Surge quando a interação dos modos vibracionais das moléculas de sílica da fibra ocorre com um feixe de luz intenso (normalmente designado por bomba) quando níveis de potência da bomba tão elevados se propagam através da fibra. A maioria dos fotões é espalhada elasticamente (espalhamento Rayleigh), de modo que os fotões espalhados têm a mesma energia (frequência e comprimento de onda) que os fotões incidentes.

A interação Raman conduz a dois resultados possíveis:

1. O material absorve energia e o fotão emitido tem uma energia inferior à do fotão absorvido. Este resultado é designado por dispersão Stokes Raman.

2. O material perde energia e o fotão emitido tem uma energia superior à do fotão absorvido. Este resultado é designado por dispersão Raman anti-Stokes.

1.1.5 Dispersão de Brillouin estimulada (SBS)

A SBS é um dos principais factores limitantes da quantidade de potência que pode ser transmitida através de uma fibra ótica. A dispersão de Brillouin resulta da interação da luz com ondas acústicas que estão sempre presentes em qualquer material. As ondas acústicas modulam o índice de refração (efeito foto-elástico); assim, um laser de baixa potência que atravesse o meio é espalhado com uma frequência diferente (que depende do ângulo de observação). Na SBS, as ondas stokes propagam-se na direção oposta à da luz de entrada [21]. Na SBS, a intensidade da luz dispersa é muito maior do que na SRS, mas a gama de frequências da SBS é muito inferior à da SRS. Não causa qualquer interação entre diferentes comprimentos de onda, desde que o espaçamento entre os comprimentos de onda seja muito superior a 20 MHz.

1.6 Tecnologia de rádio sobre fibra

Devido a várias limitações, como as condições geográficas, o equilíbrio económico, a estratégia do fornecedor e a situação dos danos em caso de catástrofes, as ligações de alta velocidade baseadas numa fibra ótica, como a fibra até casa, nem sempre podem ser instaladas em todo o lado. Por conseguinte, considera-se uma ligação de transmissão via rádio para agregar grandes tráfegos de rede, que tem caraterísticas prévias na implantação do sistema, tais como uma disposição flexível e uma instalação fácil. Assim, a integração da rede ótica e da rede sem fios é feita para fornecer largura de banda suficiente aos utilizadores individuais. Esta rede é designada por tecnologia de rádio sobre fibra (RoF) [22]. Os Estados Unidos introduziram a integração de redes sem fios e de fibra ótica no início da década de 1980, para satisfazer requisitos militares, como os sistemas de radar, em que a fibra ótica era utilizada como interface entre a estação central (CS) e a antena sem fios. A fim de satisfazer as crescentes exigências de largura de banda dos utilizadores e de serviços sem fios em banda larga, interactivos e multimédia, a tecnologia RoF foi proposta como uma solução promissora e rentável. A RoF é uma ligação ótica analógica para transportar informações através de fibra ótica, transmitindo sinais RF modulados de e para a estação central para a estação de base ou para a unidade de antena remota (RAU). Esta modulação pode ser feita diretamente com o sinal de rádio ou numa frequência intermédia. Por outras palavras, rádio sobre fibra significa transportar informação sobre fibra ótica através da modulação da luz com o sinal de rádio.

A utilização de rádio sobre fibra para fornecer acesso via rádio tem uma série de vantagens, incluindo baixa atenuação, grande largura de banda, imunidade às interferências de radiofrequências, consumo reduzido de energia, funcionamento multi-operador e multi-serviço, atribuição dinâmica de recursos, etc. As aplicações das RoF vão desde as redes celulares móveis, as redes locais sem fios (WLAN) em bandas de ondas mm, as redes de acesso sem fios de banda larga até às redes de comunicações entre veículos rodoviários (RVC) para sistemas de transporte inteligentes (ITS) [23]. Para reduzir os custos de implantação e manutenção das redes sem fios, proporcionando simultaneamente um baixo consumo de energia e uma grande largura de banda, o sistema RoF parece ser uma solução promissora que utilizará amplamente muitas normas de comunicação, como as redes locais sem fios (também conhecidas por Wi-Fi), as normas de radiodifusão digital de vídeo e áudio, o lacete digital de assinante (DSL) e a interoperabilidade mundial para o acesso por micro-ondas (WiMAX).

Um sistema de rádio permite uma mobilidade significativa, flexibilidade e fácil acesso. Por conseguinte, a integração do sistema pode satisfazer a crescente procura de serviços de voz, dados e multimédia por parte dos assinantes, que exigem que a rede de acesso suporte elevados débitos de dados em qualquer altura e em qualquer lugar, a baixo custo. A RoF tem potencial para ser a espinha dorsal da rede de acesso sem fios e ganhou um impulso significativo na última década como um potencial esquema de acesso de última milha. A rádio sobre fibra funciona como uma rede local ou pessoal sem fios de alta velocidade. As frequências dos sinais de rádio distribuídos pelos sistemas RoF abrangem uma vasta gama (normalmente na região dos GHz) e dependem da natureza das aplicações. Nos sistemas RoF, os sinais sem fios são transportados sob forma ótica entre uma estação central e um conjunto de estações de base antes de serem irradiados através do ar. A maior parte dos processos de processamento do sinal (incluindo a codificação, a multiplexagem e a geração e modulação de RF) é efectuada pelo escritório central (CO), o que torna a estação de base (BS) economicamente rentável. Cada estação de base está adaptada para comunicar através de uma ligação rádio com, pelo menos, uma estação móvel de um utilizador situada dentro do alcance rádio da referida estação de base. Por conseguinte, a RoF tornar-se-á uma tecnologia-chave na próxima geração de sistemas de comunicações móveis.

1.6.1 Conceito de RdF

A rede RoF é normalmente composta por uma Estação Central (CS), onde são executadas todas as funções de comutação, encaminhamento, controlo de acesso ao meio (MAC) e gestão de frequências, e por uma rede de fibra ótica, que interliga um grande número de Estações de Base para distribuição do sinal sem fios. A Estação Base não tem função de processamento e a sua principal função é converter o sinal ótico em sinal sem fios e vice-versa [24]. No transmissor (estação central), o módulo que converte os sinais de RF em luz é um díodo laser. O princípio básico é a modulação direta do sinal de RF de entrada na saída do díodo laser, pelo que, no emissor, tem lugar a conversão electro-ótica (E/O), ou seja, a conversão do sinal de RF de entrada em luz. A RoF permite centralizar a função de processamento do sinal de radiofrequência (RF) numa cabeça de rede e, em seguida, utilizar fibra ótica, que oferece uma baixa perda de sinal entre 0,3 dB/km para o comprimento de onda de 1550 nm e 0,5 dB/km para o comprimento de onda de 1310 nm. A luz emitida pelo transmissor emerge da fibra ótica monomodo num recetor, ou seja, na estação de base (RAU), como mostra a figura 1.6. No interior do módulo recetor, um fotodíodo PIN de alta velocidade efectua uma operação de conversão O/E, para produzir um sinal elétrico de saída RF. A antena capta este sinal elétrico da BS e converte-o em ondas de rádio. As aplicações de rádio sobre fibra abrangem redes celulares móveis, redes locais sem fios (WLAN) em bandas de ondas mm, redes de acesso sem fios de banda larga e redes de comunicação com veículos rodoviários (RVC) para sistemas de transporte inteligentes (ITS).

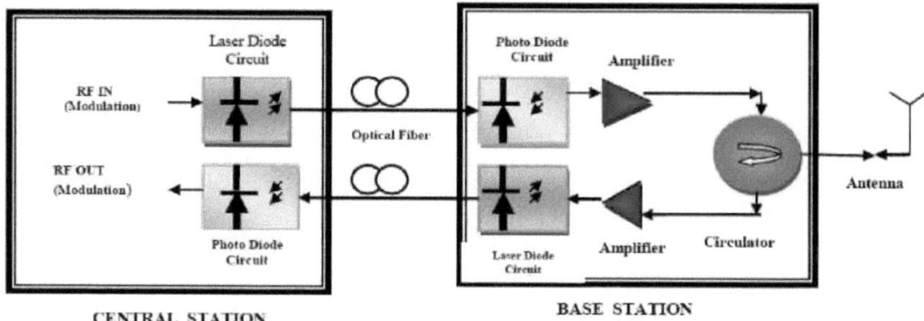

Figura 1.6: Sistema RoF básico [24]

1.6.2 Tipos de modulação RoF

1.6.2.1 Modulação RF-sobre-fibra

Um sinal de RF (radiofrequência) portador de dados com uma frequência elevada (superior a 10 GHz) é imposto a um sinal de onda luminosa antes da transmissão através da ligação ótica. Por conseguinte, os sinais sem fios são distribuídos opticamente às estações de base diretamente a altas frequências e convertidos do domínio ótico para o domínio elétrico nas estações de base antes de serem amplificados e irradiados por uma antena. Consequentemente, não é necessária qualquer conversão de frequência para cima e para baixo nas várias estações de base, o que permite uma implementação simples e bastante económica nas estações de base [25]. A Figura 1.7 mostra a modulação RF-sobre-fibra.

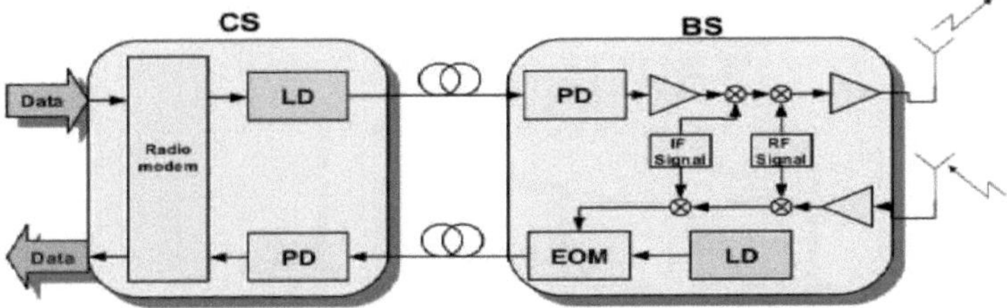

Figura 1.7: Modulação RF-sobre-fibra [25]

1.6.2.2 Modulação IF-sobre-fibra

Um sinal de rádio IF (frequência intermédia) com uma frequência mais baixa (inferior a 10GHz) é utilizado para modular a luz antes de ser transportado através da ligação ótica. Portanto, antes de ser irradiado pelo ar, o sinal deve ser convertido para RF na estação base. A Figura 1.8 mostra a configuração de uma ligação IF-sobre-fibra com EOM.

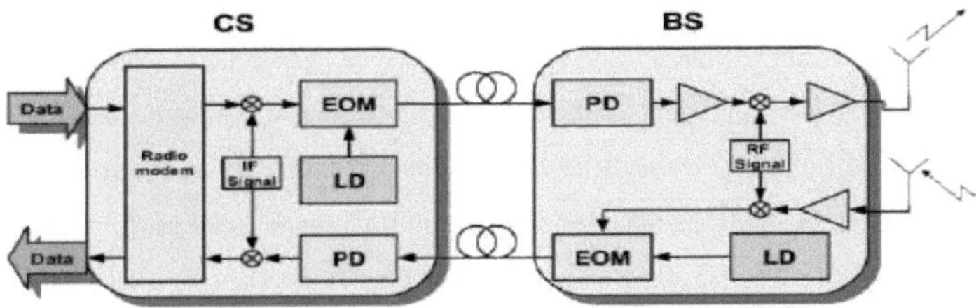

Figura 1.8: Configuração IF-over-fiber [25]

1.7 écnicas de transmissão para a tecnologia RoF

Existem várias técnicas ópticas para gerar e transportar sinais de rádio sobre fibra. Algumas destas técnicas são brevemente analisadas nesta secção.

1.7.1 Técnica de modulação direta

Neste método, a intensidade da fonte de luz é diretamente modulada com o sinal de RF e, em seguida, é utilizada a deteção direta no fotodetector (PD) para recuperar o sinal de RF. Este é o método mais simples e de baixo custo para distribuir opticamente os sinais de RF, ilustrado na figura 1.9. É designado por deteção direta por modulação da intensidade (IMDD). Antes da transmissão, o sinal de RF deve ser pré-modulado de forma adequada. Após a transmissão através da fibra e a deteção direta num PD, a fotocorrente é uma réplica do sinal de RF modulado aplicado diretamente na extremidade da cabeça [26]. Subsequentemente, no local da antena remota, o PD e o amplificador passa-banda convertem o sinal ótico recebido num sinal de RF a ser irradiado pela antena.

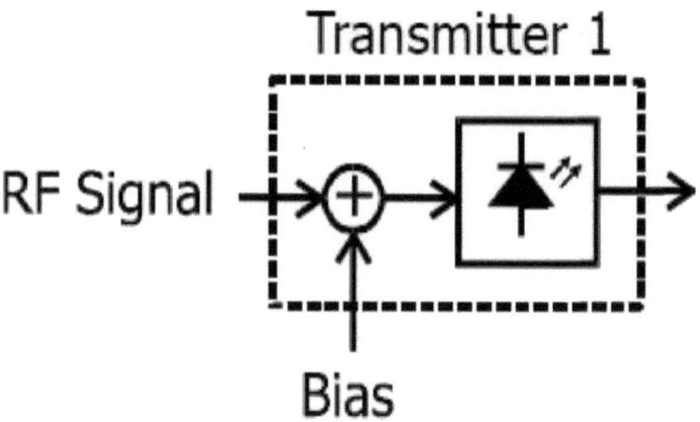

Figura 1.9: Método de modulação direta da intensidade por laser [26]

A principal vantagem deste método é o facto de ser simples, robusto e de baixo custo. Em segundo lugar, o sistema torna-se linear se for utilizada uma fibra de baixa dispersão juntamente com um modulador externo. A configuração do transmissor é extremamente simples e económica, mas o seu desempenho é severamente limitado pelas deficiências da modulação laser. Os sistemas RoF que utilizam a modulação direta da intensidade de micro-ondas de um díodo laser estão comercialmente disponíveis até frequências de rádio limitadas, ou seja, até cerca de 2 GHz, para serviços sem fios como o Sistema Global de Comunicações Móveis (GSM) e o Sistema Universal de Telecomunicações Móveis (UMTS). Por conseguinte, o principal inconveniente desta técnica é o facto de o funcionamento a frequências de micro-ondas mais elevadas ser proibido devido à largura de banda de modulação restrita do díodo laser e à dispersão da fibra, que provoca o desvanecimento das duas bandas laterais de modulação. Essas frequências de micro-ondas só podem ser tratadas por sofisticados transmissores e receptores ópticos analógicos de muito alta frequência e por técnicas cuidadosas de compensação da dispersão da fibra [25, 26].

1.7.2 Técnica de modulação externa

Para ultrapassar os inconvenientes da modulação direta, a modulação externa é a solução mais simples. Uma técnica de modulação externa ótica é uma boa opção para gerar um sinal ótico de onda mm com elevada pureza espetral, de entre todos os esquemas. A modulação externa é frequentemente utilizada em frequências de rádio elevadas (por exemplo, acima de 10 GHz). A implementação mais simples consiste num laser de onda contínua seguido de um modulador externo que modula a luz do laser com uma frequência intermédia (IF) ou um tom de onda mm. O funcionamento do laser em modo CW evita o chirp excessivo dos impulsos na modulação externa. Neste método, são utilizados moduladores externos de alta velocidade, tais como os moduladores Mach-Zehnder (MZM) ou os moduladores de absorção eléctrica (EAM) ou um modulador de fase (PM), cuja saída é filtrada opticamente, como se mostra na figura 1.10.

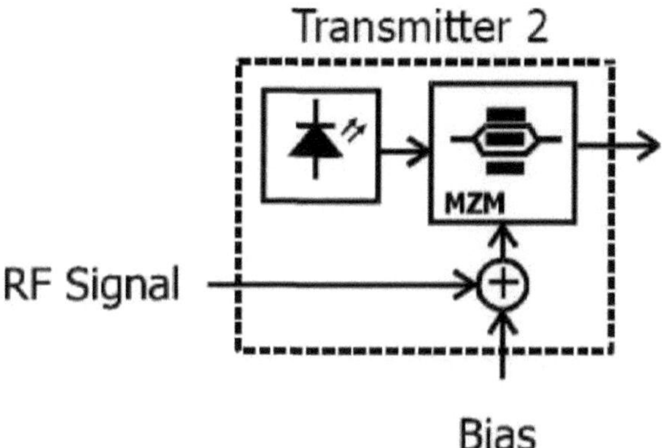

Figura 1.10: Método de Modulação Direta da Intensidade por Modulador Externo utilizando um Modulador Mach-Zehnder [26]

Existem duas abordagens para gerar sinais de ondas mm, que são brevemente discutidas a seguir:

1.7.1.1 Abordagem baseada na modulação da intensidade

Nesta técnica, a implementação do sistema é muito simplificada porque não é necessário um filtro ótico sintonizável. Neste sistema, é utilizado um MZM que é polarizado no ponto de transmissão máxima da função de transferência para suprimir as bandas laterais ópticas de ordem ímpar. Para filtrar a portadora ótica, é então utilizado um filtro de entalhe de comprimento de onda fixo. Na saída do PD é gerado um sinal de onda mm estável e com baixo ruído de fase, com uma frequência quatro vezes superior à do sinal de acionamento RF. O MZM deve ser polarizado no ponto mínimo ou máximo da função de transferência, de modo a que as bandas laterais ópticas de ordem ímpar ou par possam ser suprimidas, o que causaria o problema de desvio de polarização, conduzindo a uma fraca robustez do sistema, ou ter de empregar um circuito de controlo sofisticado para minimizar o desvio de polarização.

1.7.1.2 Abordagem baseada na modulação de fase

Ao utilizar um modulador de fase ótico, não é necessária uma polarização de corrente contínua, o que elimina o problema de desvio da polarização. Esta é a principal vantagem da sua utilização. Por conseguinte, o MZM utilizado na abordagem de modulação da intensidade deve ser substituído por um modulador de fase ótico. A limitação das técnicas acima referidas reside no facto de ser necessário um filtro ótico de banda ultra-estreita, o que provoca uma fraca estabilidade do sistema e um custo elevado. Os moduladores externos são simples, mas apresentam algumas desvantagens, como uma perda de inserção significativa. Os moduladores externos podem funcionar com larguras de banda até 40 GHz e débitos superiores a 10 Gbps, o que os torna particularmente atractivos para as redes de comunicações ópticas de longo curso. O método de modulação externa sofre de distorção devido à não-linearidade intrínseca dos moduladores, ao elevado consumo de energia e à complexidade. Naturalmente, este sistema de modulação é mais caro do que a modulação direta.

1.7.3 Técnica de Modulação Heteródina

Dois ou mais sinais ópticos são transmitidos simultaneamente e são heterodinamizados no recetor utilizando esta técnica. O sinal ótico modulado em intensidade de um díodo laser (LD) é subsequentemente modulado por um modulador externo que é polarizado no seu ponto de inflexão da caraterística de modulação e acionado por um sinal sinusoidal a metade da frequência de micro-ondas. Assim, surge um sinal ótico de dois tons na saída do modulador, com um espaçamento entre tons igual à frequência de micro-ondas. A Figura 1.11 mostra a heterodinâmica remota usando um filtro. O sinal de micro-ondas modulado em amplitude desejado é gerado após a heterodinâmica. O transmissor pode também utilizar múltiplos LDs e, assim, um sistema RoF multi-comprimento de onda pode ser realizado com um filtro sintonizável de multiplexagem por divisão de comprimento de onda (WDM) para selecionar o canal de rádio de comprimento de onda desejado no local da antena [26]. Como o ruído de fase é um problema importante na transmissão em ondas mm, há que ter o cuidado de produzir um pequeno ruído de fase apenas com os sinais heterodimensionados. Esta abordagem supera o efeito da dispersão cromática e oferece também flexibilidade em termos de frequência, uma vez que são possíveis frequências desde alguns megahertz até à região dos terahertz.

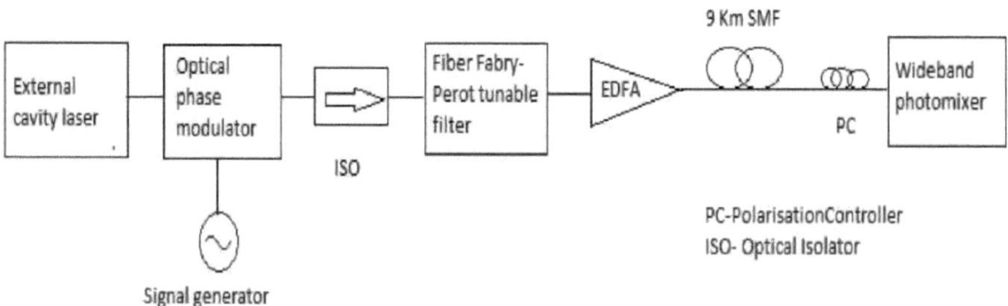

Figura 1.11: Heterodinâmica remota utilizando um filtro [26]

1.7.4 Loops ópticos bloqueados por frequência/fase

Esta técnica é utilizada para reduzir a sensibilidade ao ruído de fase. É capaz de seguir perturbações de fase de pequena escala. Não suprime as variações de frequência em pequena escala causadas pelo ruído de fase. A configuração básica das técnicas OFLL/OPLL (Optical Frequency Locked-Loops/Optical Phase Locked-Loops) é mostrada na Figura 1.12. É constituída por um laser mestre de funcionamento livre, um fotodíodo negativo intrínseco positivo (PIN), um laser escravo, um detetor de frequência ou de fase, um amplificador, um filtro de laço e um oscilador de referência de micro-ondas. As saídas combinadas dos lasers principal e secundário são divididas em duas partes; uma é utilizada no OPLL/OFLL na extremidade principal, enquanto a outra parte é transmitida para a UAR. Para gerar um sinal de micro-ondas, o sinal ótico na extremidade principal é heterodinamizado num PD. Este sinal gerado é então comparado com o sinal de referência. Um sinal de erro de frequência no caso do OFLL (e um sinal de erro de fase no caso do OPLL) é enviado de volta ao laser escravo [25, 26]. Assim, o laser escravo é forçado a seguir o laser mestre com um desvio de frequência correspondente à frequência do oscilador de referência de micro-ondas. A principal vantagem desta técnica é o facto de ser capaz de produzir sinais de RF de alta qualidade com uma largura de linha estreita e ter também boas capacidades de seguimento da temperatura. Além disso, as OPLLs apresentam uma ampla gama de bloqueio. Por outro lado, as técnicas OFLL têm a vantagem de poderem ser realizadas com lasers DFB (Distributed Feedback Back) normais e bastante económicos.

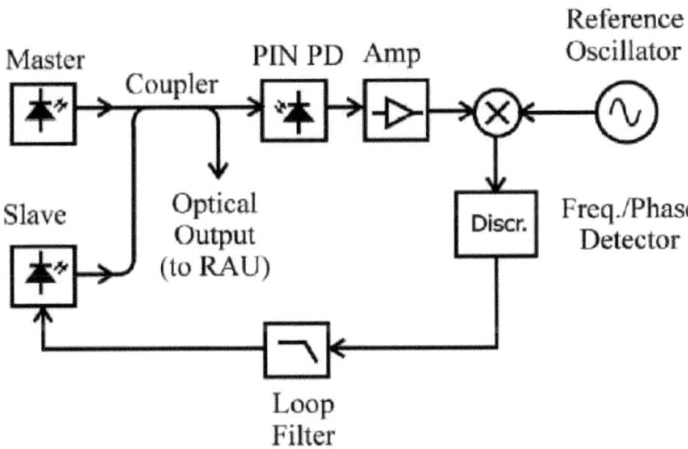

Figura 1.12: Principais circuitos ópticos de frequência/fase bloqueada [27]

1.7.5 Lasers de modo duplo

A principal desvantagem das técnicas baseadas na heterodinâmica ótica é a sensibilidade ao ruído de fase dos dois sinais de heterodinâmica e a dependência do sinal de batimento de RF da diferença de estado de polarização dos dois portadores de heterodinâmica. Uma forma de obter a correlação dos modos ópticos é remover o desvio de fase no laser DFB, de modo a que não ocorra qualquer oscilação na frequência de Bragg, o que resulta num dispositivo denominado laser de modo duplo (DML), uma vez que emite dois modos, um de cada lado da frequência de Bragg. Ajustando o coeficiente de intensidade da grelha, pode obter-se a separação de modos necessária. A principal vantagem desta abordagem é o facto de não exigir circuitos de realimentação complexos. No entanto, devido à estreita gama de bloqueio, este método tem limitações no que respeita à sua tenacidade.

1.8 Vantagens do RoF

Algumas das vantagens e benefícios da tecnologia RoF são:

1. Baixa perda de atenuação

É um facto bem conhecido que os sinais transmitidos em fibra ótica atenuam muito menos do que através de outros meios, especialmente quando comparados com meios sem fios. Ao utilizar a fibra ótica, o sinal viaja mais longe, reduzindo a necessidade de repetidores. Com o aumento da frequência, as perdas devidas à absorção e à reflexão no espaço livre aumentam, ao passo que, na linha de transmissão, a impedância aumenta com a frequência e conduz a perdas muito elevadas. Assim, para distribuir eletricamente sinais de rádio de alta frequência a longas distâncias, é necessário equipamento de regeneração dispendioso. Em cada BS, os sinais de banda de base ou IF são convertidos para a frequência de onda mm necessária, amplificados e depois irradiados. Uma vez que, para a conversão ascendente em cada BS, seriam necessários osciladores locais (LO) de elevado desempenho, o que conduz a BS complexos com requisitos de desempenho apertados. No entanto, a tecnologia RoF pode ser utilizada para obter simultaneamente uma distribuição de baixas perdas do sinal RF e a simplificação das BS, uma vez que a fibra ótica oferece perdas muito baixas [28, 29].

2. Grande largura de banda

As fibras ópticas oferecem uma enorme largura de banda. Existem três janelas de transmissão principais, que oferecem baixa atenuação, nomeadamente os comprimentos de onda de 850 nm, 1310 nm e 1550 nm. Para uma única fibra ótica SMF, a largura de banda combinada das três janelas é superior a 50 THz. A elevada largura de banda ótica permite o processamento de sinais a alta velocidade, o que é simplesmente impossível de fazer em sistemas electrónicos. Assim, algumas funções exigentes de micro-ondas, como filtragem, mistura, conversão ascendente e descendente, podem ser facilmente executadas. A técnica de multiplexagem de subportadoras (SCM) é utilizada em sistemas ópticos analógicos, incluindo a tecnologia RoF, a fim de aumentar a utilização da largura de banda da fibra ótica.

3. Fácil instalação e manutenção

A maioria das técnicas RoF elimina a necessidade de um LO e de equipamento conexo na RAU. Nos sistemas RoF, o equipamento complexo e dispendioso é mantido na extremidade principal, tornando assim as UAR mais simples. No CS, os moduladores electro-ópticos de alta frequência e a eletrónica devem ser evitados devido ao seu elevado preço e consumo de energia. Do mesmo modo, evitam-se as implementações complicadas de técnicas de transmissão downlink devido aos seus elevados custos de fabrico e manutenção. O equipamento de modulação e comutação é mantido na cabeça de rede e é partilhado por várias UAR [28, 29]. Este arranjo leva a UARs menores e mais leves, reduzindo efetivamente os custos de instalação e manutenção do sistema. A facilidade de instalação e os baixos custos de manutenção das BSs são exigências muito significativas para os sistemas RoF, uma vez que é necessário um elevado número de BSs. A simplicidade das BSs leva à redução do preço associado ao consumo de energia, ao aluguer e à aquisição de locais. Por conseguinte, a crescente procura de novos serviços no atual sistema celular levará os sistemas RoF a suportar diferentes caraterísticas de tráfego. Assim, deve ser selecionado um esquema de preços adequado que permita aos fornecedores de serviços assegurar a qualidade ininterrupta do fornecimento de serviços e, simultaneamente, ser economicamente viável.

4. Consumo de energia reduzido

A eficiência energética de um sistema também pode ser medida como a energia consumida por bit de dados transferidos (Joules por bit). Para prever o aumento do consumo de energia, dado que o número de utilizadores e o débito de acesso por utilizador estão a aumentar rapidamente, esta perspetiva constitui uma melhor plataforma. Para um sistema RoF, a eficiência energética deve ter em conta os componentes optoelectrónicos e eléctricos do CS. Uma vez que as BS representam até 70% do consumo total de energia nos sistemas celulares comerciais, a conceção das BS é a que oferece mais oportunidades de poupança de energia. Uma vez que é necessário um grande número de BSs para cobrir um serviço, o consumo de energia das BSs é de especial importância. O consumo de energia das BS varia consoante a potência de transmissão e a carga de tráfego; quanto maior for a potência de transmissão ou a carga de tráfego, maior será o consumo de energia da BS. Na RoF, o modelo de consumo de energia para a BS inclui a frequência de onda mm a irradiar, a cobertura celular prevista ou a potência de transmissão e os esquemas de transmissão para ligação ascendente e descendente.

5. Atribuição dinâmica de recursos

A atribuição dinâmica de capacidade evita a necessidade de atribuir capacidade permanente, o que seria um desperdício de recursos quando as cargas de tráfego variam frequentemente. Além disso, o terminal centralizado permite outras funções de processamento de sinais, como a transmissão de macrodiversidade e as funções de mobilidade. É possível atribuir dinamicamente capacidade nas horas de ponta, uma vez que a modulação, a comutação e outras funções de RF são efectuadas numa central central. Por exemplo, pode ser atribuída mais capacidade a uma área (por exemplo, um centro comercial) e depois reatribuída a outras áreas (por exemplo, a áreas residenciais povoadas à noite) quando não há picos num sistema de distribuição RoF para o tráfego GSM. Isto pode ser conseguido através da atribuição de comprimentos de onda ópticos através da técnica WDM sempre que necessário.

1.9 Aplicações da RoF

1. Rede celular:

A tecnologia Radio-over-Fiber (RoF) pode ser a melhor opção para utilizar no sistema celular para o método de otimização celular, uma vez que será simplesmente utilizada na banda de ondas milimétricas e, além disso, reduzirá o preço global do sistema. O tráfego móvel é retransmitido entre a estação base e a estação central através do sistema RoF [30].

2. LANs sem fios:

Dado que os dispositivos portáteis e os computadores se estão a tornar cada vez mais potentes e generalizados, a RoF pode ser utilizada para distribuir sinais de LAN sem fios que funcionam entre 2,4 GHz e 5 GHz.

3. Comunicação e controlo de veículos:

A RoF pode ser utilizada para sistemas de transporte inteligentes e sistemas de comunicação estrada-veículo. São necessárias numerosas estações de base para obter a cobertura necessária da rede rodoviária. Estas podem ser simplificadas e de baixo custo, alimentando-as através de sistemas RoF, tornando assim o sistema completo económico e gerível.

4. Sistemas OFDM-RoF:

O sistema OFDM através de RoF consiste em aumentar a técnica de modulação e supera várias limitações da transmissão sem fios, como a atenuação da energia eléctrica, a dispersão cromática e a modulação de fase através da ligação ótica. A combinação de sistemas tem muitas vantagens para o futuro sistema de transmissão de dados a alta velocidade.

5. Aplicação militar:

Por razões de segurança, os sinais de micro-ondas ou RF de banda larga recebidos pelo radar são transmitidos através da fibra ótica no modo de comunicação RoF para a extremidade remota. Isto causará menos vítimas no caso de ataques de radar.

6. Deteção de alta velocidade:

A comunicação RoF pode ser utilizada para a transferência rápida de sinais de monitorização de vídeo nos comboios de alta velocidade e nos jactos jumbo, uma vez que a transmissão em banda larga pode ser satisfeita e a poluição electromagnética produzida será menor [30].

7. Transmissão de fibra milimétrica:

A onda milimétrica a 60 GHz e superior gera uma atenuação rápida e menos interferências electromagnéticas, pelo que é bastante adequada para a cobertura de interiores. Juntamente com a comunicação RoF, os problemas da interferência electromagnética e da poluição electromagnética serão resolvidos de uma melhor forma.

8. Acesso a zonas mortas

Uma aplicação importante da RoF é a sua utilização para fornecer cobertura sem fios em zonas onde não é possível uma ligação de retorno sem fios. Estas zonas podem ser áreas no interior de uma estrutura, como um túnel, áreas atrás de edifícios, locais montanhosos ou selvas.

9. Comunicação por satélite: Uma das aplicações envolve a deslocação de antenas para locais adequados em estações terrestres de satélites. Neste caso, são utilizadas pequenas ligações de fibra ótica com menos de 1 km e que funcionam a frequências entre 1 GHz e 15 GHz. Deste modo, o equipamento de alta frequência pode ser centralizado. A segunda aplicação envolve o telecomando das próprias estações terrenas. Com a utilização da tecnologia de rádio sobre fibra, a antena pode ser posicionada a muitos quilómetros de distância com o objetivo de melhorar a visibilidade do satélite ou reduzir a interferência de outros sistemas terrestres.

1.10 Ruído nas ligações RoF de ondas mm

As fontes de ruído nas ligações RoF são constituídas pelo ruído de intensidade relativa (RIN) no díodo laser, o ruído térmico (Johnson) e o ruído de disparo no PD [31]. Além disso, a utilização de amplificadores ópticos na ligação, como os amplificadores de fibra dopada com érbio (EDFA), contribui para o ruído de emissão espontânea amplificada (ASE).

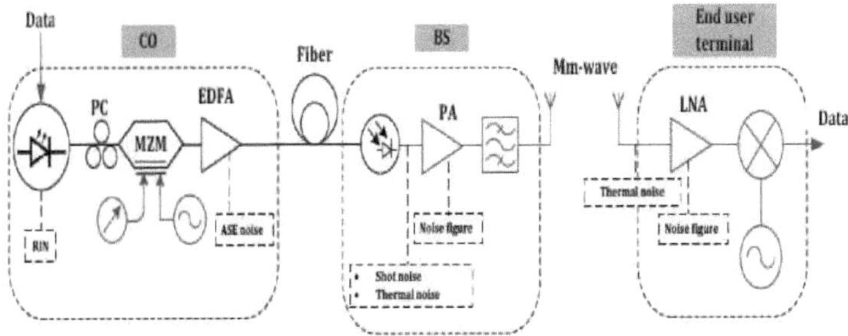

Figura 1.13: Contribuições do ruído nas ligações RoF [31]

É importante notar que, na ausência de ASE, o desempenho da ligação é limitado pelo ruído de disparo, pelo ruído térmico ou pelo RIN, dependendo das especificações do díodo laser e da potência ótica no PD. Na figura 12, são indicados os pontos críticos quando o ruído de amplitude é imposto à forma de onda.

1.10.1 Ruído de emissão espontânea amplificada (ASE)

Quando um meio de ganho laser é bombeado para produzir uma inversão de população, ocorre uma emissão espontânea amplificada. O excesso de ASE é um efeito indesejável nos lasers, uma vez que não é coerente e limita o ganho máximo que pode ser alcançado no meio de ganho. A ASE cria sérios problemas em qualquer laser com elevado ganho e/ou de grandes dimensões. O ASE é especialmente problemático em lasers com cavidades ópticas curtas e largas, como os lasers de disco.

1.10.2 Ruído de intensidade relativa (RIN)

O ruído laser resulta de flutuações aleatórias na intensidade do sinal ótico. Por vezes, este fenómeno é designado por ruído "multiplicativo". Os contributos para o RIN incluem os efeitos quânticos, as flutuações térmicas e as perturbações acústicas. O RIN é definido como o rácio entre a variância das flutuações de intensidade em relação à média e o quadrado da intensidade ótica instantânea. Por outras palavras, a potência de ruído média ao quadrado dividida pela intensidade ótica ao quadrado [30, 31]. O nível de ruído RIN aumenta com a raiz quadrada da largura de banda Rx da ligação B

$$\text{RIN} = \frac{\sigma^2}{I^2} \qquad (4)$$

O RIN tem as unidades de dBW/Hz, ou por vezes pW/Hz, σ é o desvio padrão de uma função de distribuição de probabilidade aleatória (PDF). Para calcular a contribuição do ruído à saída do laser

$$\sigma = I\sqrt{RIN.B} \qquad (5)$$

As fontes de ruído de um fotodetector podem ser classificadas em intrínsecas e extrínsecas: o ruído intrínseco resulta de efeitos físicos fundamentais e o ruído de origem extrínseca provém do ambiente circundante. Todos os detectores são detectores de lei quadrada.

1.10.3 Ruído Quantum Shot

O ruído de disparo é por vezes designado por ruído quântico e resulta da carga eletrónica discreta dos electrões ou de outros portadores à medida que atravessam uma barreira potencial. A luz é composta por pacotes discretos de energia denominados fotões, que transmitem um sinal não como um fluxo suave de energia, mas sim como um fluxo de quanta de energia infinitesimal, o que conduz ao ruído de disparo. O ruído de disparo pode ser reduzido se o sistema funcionar num comprimento de onda de 1550 nm com amplificadores ópticos eficazes. A aleatoriedade do tempo de chegada de cada fotão gera um ruído aleatório na corrente à saída do fotodíodo:

$$i_{shot} = (2 \times e \times I_{dc} \times BW)^{1/2} \qquad\qquad (6)$$

em que i_{shot} é o valor rms do ruído de disparo na pastilha do fotodíodo, e é 1,6 x 10^{-19} Coulombs; I_{dc} é a corrente eléctrica dc através do fotodíodo e BW é a largura de banda do canal ou da resolução da medição.

1.10.4 Ruído térmico

J.B. Johnson verificou experimentalmente a dependência da tensão do ruído térmico com a resistência (assim, o ruído térmico é também referido como ruído Johnson ou Nyquist). O ruído térmico resulta das flutuações térmicas na densidade de electrões dentro de um condutor. A corrente adicional de ruído térmico é causada pelo amplificador elétrico que está sempre presente a temperaturas típicas [30, 31]. O ruído térmico das fases de amplificação subsequentes, em particular da primeira fase de amplificação ou do amplificador de transimpedância, pode ser importante para níveis de luz baixos.

$$\sigma_{thermal} = 0 \qquad\qquad (7)$$

CAPÍTULO 2

REVISÃO DA LITERATURA

2.1 Pesquisa bibliográfica

- Shashidharan et al. [32] investigaram o projeto e a simulação de um sistema de rádio sobre fibra e a sua análise de desempenho utilizando a codificação RZ. Um sistema de rádio sobre fibra é uma integração de redes de fibra ótica e redes sem fios, que fornece acesso sem fios a comunicações sem fios de banda larga numa vasta gama de aplicações, incluindo a extensão da cobertura e capacidade de rádio existentes, soluções de última milha, etc. O acesso por rádio sobre fibra (RoF) facilita serviços multimédia de elevada capacidade em tempo real. O modelo de sistema RoF desenvolvido no Optisystem 10 tem sistemas integrados tanto para RF sem fios como para fibra ótica, pelo que o modelo de rede RoF é constituído por uma estação central, uma unidade de acesso remoto e um modelo de ligação de fibra ótica que utiliza os parâmetros disponíveis no mercado. Nestas investigações, foram feitas variações do fator Q, da BER e da abertura dos olhos em função do comprimento de onda, da taxa de bits e do comprimento da fibra para a codificação RZ, utilizando o software de simulação.

- Jeanne James et al. [33] investigaram os efeitos da não linearidade e do ruído na transmissão de sinais multinível de ondas milimétricas sobre fibra ótica, utilizando modulação de comprimento de onda simples e dupla. Foram transmitidos dados de Modulação de Amplitude em Quadratura (QAM) multinível - esquemas IEEE 802.16 - a 20 Mbps e um sinal 802.11g de Multiplexagem Ortogonal por Divisão de Frequência (OFDM) (54 Mbps) com um sistema de onda milimétrica de 25 GHz sobre fibra, que emprega uma fonte de comprimento de onda duplo, ao longo de 20 km de fibra monomodo. A transmissão de dados de downlink foi demonstrada com sucesso em ambos os caminhos ótico e sem fios (até 12 m) com uma boa magnitude do vetor de erro. Foi efectuada uma análise de dois esquemas diferentes, em que os dados foram aplicados a um (simples) e a ambos (duplo) dos comprimentos de onda de uma fonte de duplo comprimento de onda. O desempenho do sistema foi analisado através de simulação e foi obtida uma boa correspondência com os resultados experimentais. A análise investigou o impacto da não linearidade do modulador Mach-Zehnder (MZM) e do amplificador de RF e de várias fontes de ruído, como o ruído da intensidade relativa do laser, a emissão espontânea amplificada, o ruído térmico e o ruído de disparo. Foi também apresentada uma comparação entre o QAM IEEE 802.16 de portadora única e o OFDM em termos da sua sensibilidade às distorções da não linearidade do MZM e do amplificador de RF.

- M. N. Sakib et al. [34] investigaram o impacto do ruído de intensidade relativa do laser num sistema sem fios de banda ultralarga OFDM multibanda sobre fibra. O desempenho de um sistema de multiplexagem por divisão de frequência ortogonal multibanda (MB-OFDM) sobre fibra, considerando o impacto do ruído de intensidade relativa do laser (RIN), foi investigado experimentalmente e analisado teoricamente. Foram considerados dois tipos de RIN: o RIN intrínseco ao laser e o RIN com conversão de ruído de fase devido à dispersão da fibra. Observaram que, para reduzir o impacto do RIN intrínseco, deve ser utilizada uma potência de saída do laser de 2 dBm ou superior. Observaram também que um laser com uma largura de linha inferior a 1 MHz garantirá que a penalização EVM devida ao RIN convertido seja inferior a 1dB para todas as 14 bandas de MB-OFDM UWB.

• Arya Mohan et al. [35] investigaram a transmissão full duplex num sistema RoF utilizando a tecnologia WDM e OADM. O rádio sobre fibra (RoF) é uma tecnologia em que a luz é modulada com sinais de radiofrequência e transmitida sobre a fibra ótica para facilitar o acesso e a transmissão sem fios. A convergência de redes com e sem fios é uma solução promissora para a crescente procura de capacidade e flexibilidade de transmissão, além de oferecer vantagens económicas devido à sua ampla largura de banda e caraterísticas de baixa atenuação. A transmissão full duplex de RoF foi realizada por meio da Multiplexação por Divisão de Comprimento de Onda (WDM) e do Multiplexador Ótico de Adição de Queda (OADM), em que a WDM permite a transmissão de diferentes sinais através de uma fibra monomodo a grande distância e o OADM permite a transmissão de dados de ligação descendente e ascendente através da mesma fibra monomodo. Além disso, foi também efectuada a análise do desempenho do sistema RoF utilizando várias técnicas de codificação de linha. A simulação foi efectuada utilizando um simulador de sistemas ópticos comercial denominado OptiSystem 12.0 da Optiwave.

• Osama A. et al. [36] investigaram o desempenho de alta capacidade de transmissão do sistema de rádio sobre fibra para curtas e longas distâncias. Neste trabalho, os sinais de radiofrequência (RF) são transmitidos a curta distância em fibras ópticas multimodo de polímero de índice graduado e a longa distância em fibras monomodo dopadas com sílica. Foi investigado o desempenho de alta capacidade de transmissão de rádio sobre fibra (RoF) para distâncias curtas e longas devido às suas caraterísticas de largura de banda larga e baixa atenuação. Além disso, investigámos parametricamente e numericamente o elevado desempenho dos sistemas de comunicação RoF em relação aos sistemas de comunicação ópticos tradicionais, utilizando diferentes parâmetros afectados, e analisámos as taxas de bits e os produtos de transmissão (taxa de bits x distância de transmissão) com base nas fibras monomodo de sílica dopada e multimodo de polímero de índice graduado, utilizando as técnicas de multiplexagem por divisão do tempo máximo e de modulação por código de impulsos. São tidas em conta as técnicas de multiplexagem por divisão de comprimento de onda grosseira (CWDM) e multiplexagem por divisão de comprimento de onda densa (DWDM).

- Shuvodip Das et al. [37] investigaram a modelação e a análise de desempenho do sistema RoF para redes domésticas com diferentes esquemas de codificação de linha utilizando o sistema ótico. A Home Area Network (HAN) foi implantada e operada nas proximidades de uma casa para permitir a comunicação e a interoperabilidade entre dispositivos digitais. Com o avanço da tecnologia, a aspiração dos consumidores é dispor de um acesso em banda larga estável e de elevado débito com menor latência para aplicações como jogos em linha, vídeo a pedido (VOD), videoconferência, voz sobre protocolo Internet (VoIP) e troca de dados em alta definição. As principais expectativas em relação à acessibilidade em banda larga são o acesso sem fios e uma taxa de dados mais elevada. Este documento propôs e simulou um sistema RoF simples, competente e económico utilizando um interferómetro. Os resultados da simulação do Optisystem 12 foram incluídos para mostrar a avaliação comparativa do desempenho de parâmetros como o fator Q máximo, o BER mínimo, a altura dos olhos e o limiar em função da taxa de bits e do comprimento da fibra para diferentes esquemas de codificação de linha. Os resultados da simulação mostraram que o sistema proposto apresenta o desempenho desejado com o esquema de codificação de linha Gaussiano. Este documento também sugeriu um compromisso ótimo entre a taxa de bits e o comprimento da fibra para o sistema específico.

- Virendra kumar et al. [38] investigaram o projeto e a análise do desempenho de um sistema de transmissão ótica. Neste estudo, foi descrito um sistema de transmissão ótica de longo curso simulado sobre uma fibra monomodo que está sujeita à dispersão cromática e à não linearidade. Ambos os parâmetros têm sido motivo de grande preocupação, uma vez que limitam a eficiência global do sistema. O controlo de laços foi geralmente escolhido como um componente importante no sistema de comunicação ótica. O controlo de laço é muito simples, tem um multiplicador para aumentar o comprimento da fibra ótica. O EDFA foi utilizado para a amplificação do sinal. Foi analisado o desempenho de dois esquemas de modulação diferentes, ou seja, o formato de modulação RZ e NRZ a 10GB/s. O formato de modulação RZ e NRZ é o esquema utilizado para evitar a interferência entre símbolos numa onda portadora ótica para transmissão através de fibra ótica. Cada método de modulação tem as suas próprias vantagens e desvantagens para as condições específicas do canal. O desempenho do sistema de comunicação ótica simulado baseado em RZ e NRZ com um único canal sobre fibra monomodo é investigado. Com base nas saídas moduladas dos códigos RZ e NRZ, foi desenvolvida uma comparação exaustiva em termos de fator Q, BER, diagramas oculares e potência média de entrada para estabelecer os méritos e deméritos dos formatos RZ em sistemas de comunicação ótica de curto e longo curso.

- Johny e Shashidharan [39] investigaram um sistema de rádio sobre fibra que foi concebido e simulado utilizando o software Optisystem e os seus vários parâmetros, como o fator Q, BER, altura dos olhos, etc., foram comparados para diferentes categorias de codificação, como a codificação NRZ e RZ. A codificação NRZ sofre de mais não linearidades devido a uma potência de pico mais elevada, enquanto a codificação RZ sofre de mais dispersão devido a uma largura de impulso mais curta. Os estudos mostraram que, em geral, a modulação RZ pode funcionar melhor em regime de alta potência do que a codificação NRZ.

• AbdEl-Naser A. Mohame et al. [40] investigaram as caraterísticas de transmissão de sistemas de ondas milimétricas de rádio sobre fibra (RoF) em redes de comunicações ópticas locais. Foi efectuada uma investigação paramétrica das caraterísticas de desempenho de transmissão do sistema RoF modulado com taxas de bits múltiplas utilizando diferentes técnicas de transmissão, tais como a técnica Soliton e a técnica de multiplexagem por divisão temporal máxima (MTDM). Estas técnicas de transmissão foram utilizadas através de duas técnicas de ultra multiplexagem, multiplexagem por divisão espacial (SDM) de 4 ligações e multiplexagem por divisão densa de comprimento de onda (DWDM) de múltiplos canais sobre uma janela ótica de especial interesse. Além disso, foram analisadas e investigadas técnicas de transmissão de solitões e MTDM a processar para tratar tanto a taxa de bits de transmissão como o produto por ligação ou por canal para cabos de ligações múltiplas (4-24 ligações/núcleo).

• El-Sayed A. et al. [41] investigaram as novas tendências dos sistemas de comunicação por rádio sobre fibra para uma capacidade de transmissão ultra elevada. Os sistemas de rádio sobre fibra (RoF) foram amplamente investigados devido às vantagens da fibra ótica, como a baixa perda, a grande largura de banda e as caraterísticas transparentes para a transmissão de sinais de rádio. Este documento investigou os sistemas de transporte RoF que têm o potencial de oferecer uma grande capacidade de transmissão, mobilidade e flexibilidade significativas, bem como vantagens económicas devido à sua ampla largura de banda e caraterísticas de baixa atenuação. O elevado desempenho dos sistemas de comunicação RoF foi investigado em comparação com os sistemas de comunicação ótica tradicionais, utilizando diferentes formatos de codificação numa vasta gama de parâmetros de funcionamento. Além disso, foi efectuada uma análise das taxas de bits de transmissão e dos produtos por canal com base numa fibra monomodo padrão feita de materiais dopados com sílica e de materiais plásticos, utilizando a técnica de Shannon modificada e utilizando diferentes formatos de codificação, como o código não-retorno a zero (NRZ), para aplicações de transmissão de longo curso. Foi tida em conta a taxa de erro de bits (BER) para sistemas RoF, comparando-a com sistemas tradicionais de comunicação por fibra ótica, como prova da melhoria da relação sinal/ruído.

• Kanno et al. [42] investigaram a transmissão MIMO (multi-input multi-output) de dois sinais de rádio de ondas mm convertidos sem descontinuidades a partir de sinais ópticos de chaveamento por deslocamento de fase em quadratura multiplexados por divisão de polarização. A transmissão MIMO contínua de 20 Gbaud ótica e rádio proporcionou uma capacidade total de 74,4 Gb/s com uma sobrecarga de correção de erros de 7 %.

- Hamza Hallak Elwan et al. [43] efectuaram um estudo teórico e experimental completo do impacto do ruído de amplitude no desempenho de um sistema de comunicação rádio-sobre-fibra na banda de frequência das ondas milimétricas (MMW). Foi também apresentado um método de simulação que permite determinar a origem do ruído de amplitude que tem maior impacto na magnitude do vetor de erro (EVM). Este método baseia-se na análise das tendências da EVM em função da potência ótica recebida. O impacto de diferentes ruídos ópticos e eléctricos, tais como o ruído de intensidade relativa, o ruído de disparo e o ruído térmico, na EVM foi estudado com precisão através de análises experimentais e teóricas. No sistema RoF proposto, foram utilizadas duas técnicas para gerar o sinal MMW e os resultados da EVM foram comparados do ponto de vista do ruído de amplitude. Na primeira técnica, foram utilizados dois lasers independentes de realimentação distribuída para gerar o sinal MMW na saída de um fotodetector, e a segunda técnica baseou-se num díodo laser bloqueado passivamente. O impacto do ruído de fase das fontes ópticas no desempenho do sistema foi eliminado utilizando um método de conversão descendente não coerente baseado num detetor de envelope. Utilizando este método, foi observada uma correspondência muito boa entre os resultados experimentais e os resultados da simulação.

- Apurva S. Godwa et al. [44] investigaram o projeto Towards Green Optical/Wireless InBuilding Networks: Radio-Over-Fiber. A eficiência energética é atualmente considerada um requisito importante para o funcionamento das redes da próxima geração. Foram analisadas três arquitecturas diferentes de redes in-building baseadas em fibra; a ARCH1 é a arquitetura herdada (ou seja, que utiliza banda de base sobre fibra); a ARCH2 e a ARCH3 centralizam o processamento do sinal digital mas têm ligações RoF dedicadas para cada célula. Foi apresentado um modelo para estimar e comparar o consumo de energia das diferentes tecnologias RoF. O modelo foi validado com dados medidos experimentalmente.

- Mohamed et al. [45] investigaram o elevado desempenho de transmissão dos sistemas de rádio sobre fibra em relação aos sistemas de comunicação tradicionais de fibra ótica, utilizando diferentes formatos de codificação para aplicações de longo curso. Foi feita uma investigação sobre o elevado desempenho dos sistemas de comunicação rádio sobre fibra em relação aos sistemas de comunicação ótica tradicionais, utilizando diferentes formatos de codificação numa vasta gama de parâmetros de funcionamento. Além disso, foram analisadas as taxas de bits de transmissão e os produtos por canal com base em fibras monomodo padrão feitas de materiais dopados com sílica e de plástico, utilizando a técnica de Shannon modificada, para além da utilização de diferentes formatos de codificação, como o código Return to Zero (RZ) e o código Non Return to Zero (NRZ), para aplicações de transmissão de longo curso.

- Xiaoqiong qi et al. [46] investigaram a influência da dispersão e da não linearidade da fibra na transmissão de sinais de modulação de dados AM e FM num sistema de rádio sobre fibra. As propriedades de transmissão da modulação de amplitude de dados (AM) e da modulação de frequência (FM) num sistema de rádio sobre fibra (RoF) foram estudadas numericamente. As influências da dispersão e da não-linearidade da fibra em diferentes esquemas de modulação de micro-ondas, incluindo banda lateral dupla (DSB), banda lateral única (SSB) e supressão de portadora ótica (OCS), foram investigadas e comparadas. As penalidades de potência na estação de base (BS) e as penalidades de abertura dos dados recuperados nos utilizadores finais foram calculadas e analisadas. Os resultados da simulação numérica revelaram que a penalidade de potência do FM pode ser drasticamente reduzida devido à maior profundidade de modulação que pode atingir do que a do AM. O alargamento do espetro local em torno da frequência de micro-ondas da subportadora de AM devido à não linearidade da fibra também pode ser eliminado com FM. Foi demonstrado pela primeira vez que as aberturas dos olhos dos dados recuperados em FM podiam ser controladas pelas suas profundidades de modulação e pelos formatos de codificação. O formato de codificação de tensão negativa foi utilizado para diminuir ainda mais a frequência de RF, aumentando assim o período de flutuação, considerando a sua relação inversa.

- Tae-Sik Cho et al. [47] investigaram o efeito da intermodulação de terceira ordem em sistemas de rádio sobre fibra através de um modulador mach-zehnder de duplo elétrodo com sinais ODSB e OSSB. A intermodulação de terceira ordem (IM3) é uma questão muito importante como fator de degradação do desempenho do sistema na gama de potências elevadas do sinal de entrada. O efeito da IM3 de um modulador Mach-Zehnder de eléctrodos duplos (DEMZM) e de um fotodetector (PD) foi analisado para sinais ópticos de banda lateral única (OSSB) e banda lateral dupla ótica (ODSB) incorporando dispersão da fibra. Além disso, a potência óptima do sinal de entrada e a relação sinal-ruído e distorção (SNDR) para os dois casos foram também investigadas para otimizar o desempenho de todo o sistema. No caso dos sinais OSSB, os componentes fundamentais eram robustos contra a dispersão da fibra, enquanto os seus componentes IM3 eram ainda sensíveis à dispersão da fibra. Posteriormente, a SNDR para sinais OSSB flutuou para dentro de 6 dB na faixa de potência de entrada relativamente alta devido à dispersão da fibra.

- Vikas kumar pandey et al. [48] investigaram a tecnologia de rádio sobre fibra (RoF) com o sistema PON WDM. Foi implementado um sistema bidirecional de rádio sobre fibra (RoF) que é uma combinação das técnicas SCM-RoF e de multiplexagem por divisão do comprimento de onda ótica (WDM) para simplificar a arquitetura da rede de acesso. A combinação de dois tipos diferentes foi efectuada para proporcionar uma elevada taxa de dados de bits e uma ampla largura de banda na comunicação celular. O sistema permite que diferentes estações de base (BS) sejam alimentadas por uma fibra comum.

* Abd El-Naset A. Mohamed et al. [49] investigaram sistemas de comunicação por rádio sobre fibra em fibras ópticas poliméricas multimodo para curtas distâncias de transmissão com a técnica de modulação. A ligação ROF é uma tecnologia promissora para aplicações de transmissão de curto alcance em fibras ópticas poliméricas multimodo. Normalmente, a ligação rádio sobre fibra utiliza uma fibra monomodo. Mas a potência do sinal na antena remota é muito pequena. A principal razão é a grande perda de potência no conversor elétrico para ótico e ótico para elétrico. Mas a eficiência de acoplamento de um conversor elétrico para ótico pode ser melhorada com fibra multimodo (MMF). Assim, desenvolveram uma ligação RoF com um laser de emissão de superfície de cavidade vertical com fibras ópticas de polímero MMF de índice graduado para transportar sinais ópticos. Também desenvolveram um sistema de comunicação RoF em fibras ópticas poliméricas multimodo para curtas distâncias de transmissão na técnica de multiplexagem por divisão de comprimento de onda grosseira (CWDM) utilizando esquemas de modulação por código de impulsos.

* R. Karthikeyan et al. [50] investigaram a melhoria do sinal OFDM utilizando rádio sobre fibra para o sistema sem fios para transmitir através de canais sem fios e ópticos. Conseguiu obter um sinal de RF para a transmissão de longo curso utilizando o sistema RoF. O sistema RoF (Radio over Fiber) destina-se a aumentar a elevada ortogonalidade do sinal de modulação OFDM para a rede sem fios. O OFDM para redes sem fios, juntamente com o RoF, pode ser utilizado para redes de curta e longa distância com elevada transmissão de dados. O novo modelo de conversão ascendente do sinal OFDM de 10 Gb/s na frequência portadora de 7,5 GHz ao longo de 60 km de SMF foi aplicado para a modulação como QAM.

* David Wake et al. [51] investigaram a conceção de ligações de rádio sobre fibra para sistemas sem fios da próxima geração. O desempenho das ligações de rádio sobre fibra (RoF) utilizando componentes optoelectrónicos de baixo custo foi avaliado para aplicações de antenas distribuídas em sistemas sem fios da próxima geração. Foram discutidas questões importantes de conceção e foi apresentado um exemplo de conceção de ligação para um sistema sem fios que requer a transmissão de quatro canais de rádio por direção de ligação, cada um com 100 MHz de largura de banda, complexidade de modulação de 256-QAM e 2048 subportadoras OFDM. O custo e o desempenho das ligações RoF para esta aplicação foram comparados com tipos de ligação alternativos que utilizam a transmissão de rádio digitalizada e mostraram que a RoF é a melhor escolha do ponto de vista do custo.

* Mohammad Shaifur Rahman et al. [52] investigaram o rádio sobre fibra como uma tecnologia económica para a transmissão de sinais WiMAX. Os obstáculos à redução das despesas de capital e

operacionais nos sistemas existentes foram discutidos em várias perspectivas. Foram propostos alguns cenários possíveis de implantação de RoF para a transmissão de dados WiMAX como forma de reduzir as despesas de capital e operacionais. O modelo de camada física extremo-a-extremo baseado na norma IEEE 802.16a é simulado, incluindo a tecnologia RoF de deteção direta com modulação de intensidade. Finalmente, a viabilidade da tecnologia RoF para transportar sinais WiMAX entre a estação de base e as unidades de antena remotas foi demonstrada utilizando os resultados da simulação.

- T. Niiho et al. [53] investigaram o desempenho da transmissão de um sistema LAN sem fios multicanal baseado em técnicas de rádio sobre fibra. O desempenho de transmissão do sistema de rede local sem fios (WLAN) multicanal proposto, baseado em técnicas de rádio sobre fibra, foi clarificado. Foi desenvolvido um método prático e eficaz para a análise dos desempenhos multicanais a partir da medição dos desempenhos de um único canal, incorporando a distribuição espetral de um sinal de modulação num cálculo dos batimentos triplos compostos. Além disso, utilizando o método desenvolvido, clarificaram a capacidade máxima do sistema WLAN multicanal e os seus parâmetros de sistema, com destaque para o desempenho da multiplexagem por divisão de frequência ortogonal com canal de modulação de amplitude de 64 quadraturas.

- Michael Sauer et al. [54] investigaram a rádio sobre fibra para arquitecturas de redes picocelulares. Foi calculada a transmissão de RF sobre várias fibras multimodo (MMF) e uma fibra monomodo padrão, visando redes picocelulares para aplicações de voz, dados e vídeo. Os requisitos de largura de banda das ligações MMF baseadas em laser de emissão de superfície de cavidade vertical (VCSEL) foram amplamente estudados. O desempenho da ligação rádio-sobre-fibra foi avaliado em termos da magnitude do vetor de erro. Foi também efectuada uma análise completa do sistema, incluindo a investigação de uma gama dinâmica alcançável e de um valor de ruído para diferentes arquitecturas de baixo custo. Isto foi comparado com a transmissão RF baseada em cabo coaxial. Para as investigações experimentais, foram utilizados pontos de acesso sem fios comerciais e um gerador de sinais vectoriais como fonte de sinal, com dois tipos de VCSELs diretamente modulados - fontes de 850 nm e VCSELs AlGaInAs/InP de alta velocidade não arrefecidos de modo único de 1310 nm.

- B.Huiszoon et al. [55] investigaram a arquitetura híbrida de rádio sobre fibra e OCDMA para redes de fibra ótica para redes pessoais. Neste trabalho, foi proposta uma arquitetura híbrida em que a comunicação de dados sem fios de alta frequência foi possibilitada através de uma combinação de técnicas de código ótico e de rádio sobre fibra. A viabilidade foi confirmada por simulações no caso de dois formatos de modulação espectralmente eficientes com uma taxa de transferência de 1 Gb/s.

CAPÍTULO-3

Análise comparativa de diferentes filtros no sistema RoF incorporando a técnica de modulação DPSK

3.1 Introdução

Este capítulo inclui o terceiro objetivo, ou seja, a análise comparativa de diferentes filtros no sistema RoF que incorpora a técnica de modulação DPSK. Os resultados do capítulo anterior mostram que o sistema RoF que incorpora a técnica de modulação DPSK apresenta um melhor desempenho do sistema em comparação com o sistema que incorpora a técnica de modulação ASK. Por conseguinte, o objetivo deste capítulo é melhorar ainda mais o desempenho do sistema RoF que incorpora a técnica de modulação DPSK. Isto pode ser feito através de uma seleção cuidadosa dos componentes que podem melhorar ainda mais o desempenho do sistema. Por conseguinte, neste capítulo, procede-se à análise dos filtros passa-baixo que incorporam a técnica de modulação DPSK e observa-se qual é o melhor filtro, o que melhora ainda mais o desempenho do sistema. Os filtros utilizados para a análise são o filtro bessel passa-baixo, o filtro gaussiano passa-baixo e o filtro cosseno elevado passa-baixo. Os filtros passa-baixo são o tipo de filtro mais utilizado. Removem alguns componentes ou caraterísticas indesejadas de um sinal. Os filtros reduzem o efeito do ruído, pelo que a qualidade do sinal obtido no recetor não é degradada. A informação também não se perde. Desta forma, a eficácia do sistema pode ser aumentada.

3.2 Filtros utilizados para as análises

3.2.1 Filtro de Bessel

O filtro de Bessel é um tipo de filtro linear analógico. É também conhecido como filtro Thomson. Este filtro tem uma resposta brilhante aos impulsos, ou seja, um mínimo de ultrapassagem e de zumbido devido à sua resposta de fase linear. Os filtros analógicos de Bessel caracterizam-se por um atraso de grupo quase estável em toda a banda passante, mantendo assim a forma de onda dos sinais filtrados na banda passante. A resposta ao degrau do filtro gaussiano no domínio do tempo tem uma ultrapassagem nula, enquanto o filtro de Bessel tem uma quantidade mínima de ultrapassagem, mas ainda assim muito menor do que os filtros comuns no domínio da frequência [57]. Em comparação com as aproximações de ordem finita do filtro gaussiano, o fator de modelação do filtro de Bessel é melhor, tem um atraso de fase e um atraso de grupo mais planos. A caraterística importante de um filtro de Bessel é o seu atraso de grupo maximamente plano e não a resposta em amplitude, pelo que é instável utilizar a transformada bilinear para converter o filtro de Bessel analógico numa forma digital. A função de transferência do filtro é derivada de um polinómio de Bessel.

Um filtro passa-baixo de Bessel é caracterizado pela sua função de transferência

$$H(s)=\frac{\theta_n(0)}{\theta_n\left(\frac{s}{\omega_0}\right)} \tag{1}$$

em que $\theta_n\,(s)$ é um polinómio de Bessel invertido do qual o filtro recebe o nome e ω_0 é uma frequência escolhida para dar a frequência de corte desejada. O filtro tem um atraso de grupo de baixa frequência de $^1/\omega_0$. Como é indeterminado pela definição dos polinómios de Bessel invertidos, mas é uma singularidade amovível, define-se que

$$\theta_n(0) = \lim_{x \to 0} \theta_n(x).$$

3.2.2 Filtro Gaussiano

A função de transferência do filtro é derivada de uma função gaussiana. A resposta ao degrau e ao impulso de um filtro gaussiano tem uma ultrapassagem nula. Os tempos de subida e o atraso são os mais baixos das funções de transferência tradicionais. Estas caraterísticas são obtidas à custa de uma fraca seletividade, de uma elevada sensibilidade dos elementos e de uma gama muito ampla de valores dos elementos. Os filtros gaussianos têm as propriedades de não ter nenhuma ultrapassagem para uma entrada de função em degrau enquanto minimizam o tempo de subida e descida. Este comportamento está intimamente ligado ao facto de o filtro gaussiano ter o menor atraso de grupo possível [57]. As restrições de realização também se aplicam a estes filtros. Estas propriedades são importantes em áreas como os osciloscópios e os sistemas de telecomunicações digitais. A filtragem Gaussiana é utilizada para desfocar imagens e remover ruído. Matematicamente, um filtro gaussiano modifica o sinal de entrada por convolução com uma função gaussiana, esta transformação é também conhecida como transformada de Weierstrass.

O filtro Gaussiano unidimensional tem uma resposta impulsiva dada por

$$g(x)=\sqrt{\frac{a}{\pi}}\,e^{-ax^2} \tag{2}$$

A resposta em frequência é dada pela transformada de Fourier

$$\hat{g}(f) = e^{-\frac{\pi^2 f^2}{a}} \tag{3}$$

com f frequência normal.

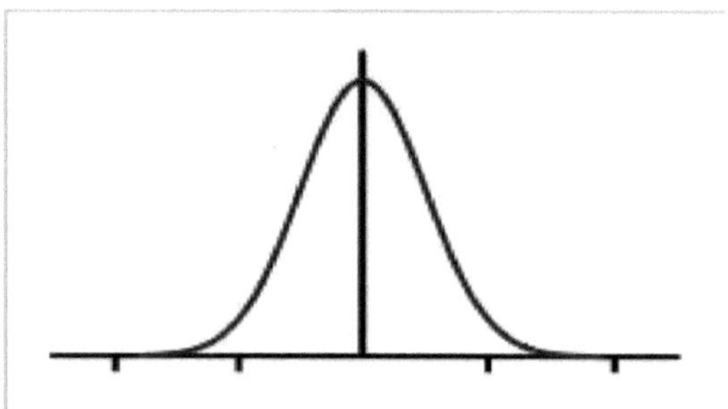

Figura 3.1: Forma da resposta ao impulso de um filtro gaussiano típico [57]

3.2.3 Filtro de cosseno elevado

Na transmissão sem fios, é utilizado um filtro de cosseno elevado para dar forma ao pulso de saída do fluxo de chips antes de ser modulado para a RF. Para evitar interferências com símbolos vizinhos, o espetro é limitado em termos de largura de banda. Uma vez que o sinal é transmitido num canal com largura de banda limitada, pode ocorrer a contaminação de símbolos adjacentes, conhecida como interferência entre símbolos (ISI). Para evitar esta interferência, o sinal é filtrado com um filtro passa-baixo. O filtro de cosseno elevado satisfaz o critério de Nyquist de suprimir a distorção espetral em múltiplos integrais da taxa de amostragem. Para melhorar o cancelamento do ruído, o filtro é geralmente dividido em duas partes, o filtro de raiz-cosseno elevado, uma no lado do emissor e a outra no lado do recetor. O filtro de cosseno elevado é um filtro frequentemente utilizado para a modelação de impulsos na modulação digital devido à sua capacidade de minimizar a interferência intersimbólica (ISI). O seu nome deriva do facto de a parte não nula do espetro de frequência da sua forma mais simples $(\beta = 1)$ ser uma função cosseno, "elevada" para se situar acima do eixo f (horizontal). Quando utilizado para filtrar um fluxo de símbolos, um filtro de Nyquist tem a propriedade de eliminar a ISI, uma vez que a sua resposta ao impulso é zero em todos os nT (em que n é um número inteiro), exceto n = 0.

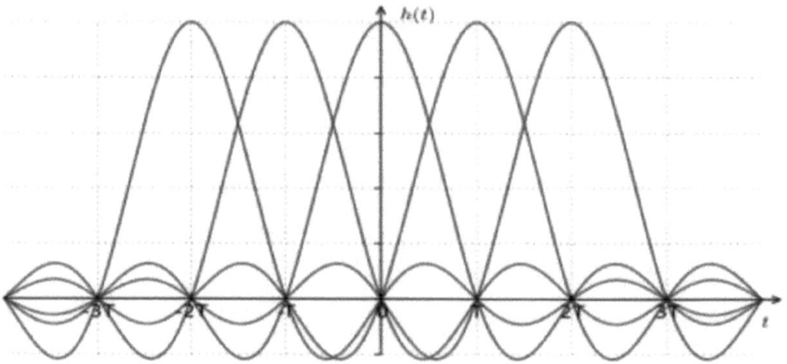

Figura 3.2: Impulsos consecutivos de cosseno elevado que demonstram a propriedade ISI zero [57]

3.3 Modelo de simulação proposto

Figure 3.3   apresenta o diagrama de blocos geral do sistema RoF utilizando a técnica de modulação DPSK.

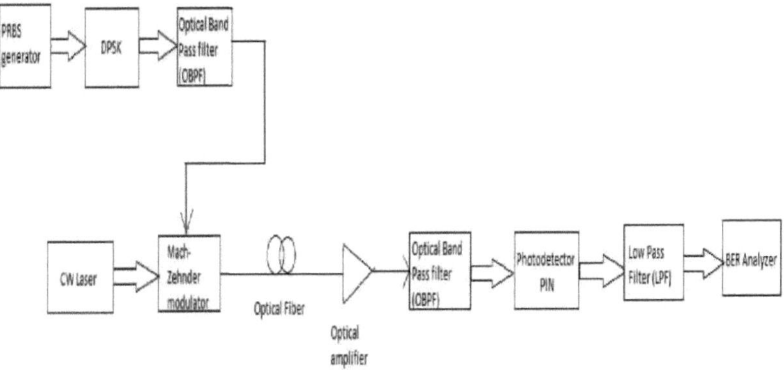

Figura 3.3: Diagrama de blocos do sistema RoF que incorpora a técnica DPSK

Figure 3.4   A figura 3.5 e a figura 3.6 mostram a simulação para dois utilizadores. A comparação de vários parâmetros entre estas três configurações é feita com base em três filtros passa-baixo diferentes utilizados no lado do recetor, ou seja, o filtro bessel passa-baixo (LPBF), o filtro gaussiano passa-baixo (LPGF) e o filtro cosseno elevado passa-baixo (LPRCF). Sistema RoF

utilizando a técnica de modulação DPSK e os resultados são comparados para três filtros diferentes. Dois geradores de sequência de bits pseudo-aleatórios (PRBS) (cada um com uma taxa de bits de 1 Gbit/s) são utilizados para modular dois sinais de dados diferentes. Este sistema está a transmitir o sinal a uma velocidade de dados de 2 Gbps. Estes sinais de dados irão então modular duas portadoras eléctricas diferentes com frequências de 60 GHz e 65 GHz. Estes sinais são então passados através de um filtro passa-banda ótico e depois combinados utilizando um combinador de potência eléctrica. Este sinal combinado é utilizado para modular uma portadora ótica cuja frequência é de 193,1 THz. Esta tarefa é efectuada por um modulador mach-zehnder (MZM). Este sinal modulado passa através de uma SMF com 50 km de comprimento e um comprimento de onda de referência de 1550 nm. É depois amplificado com um amplificador ótico cujo ganho é de 20 dB. Este sinal ótico é agora dividido em dois sinais por um repartidor ótico. Estes sinais ópticos são então passados através de um filtro passa-banda ótico cujas frequências são 193,119 THz, 193,120 THz respetivamente e largura de banda = 1,5 * taxa de bits. Estes sinais filtrados passam então pelo fotodetector. Este converterá estes sinais ópticos diretamente em sinais de banda base. Os filtros passa-baixo (frequência de corte

= 0,75 * taxa de bits Hz) são utilizados para filtrar os componentes de frequência mais elevada.

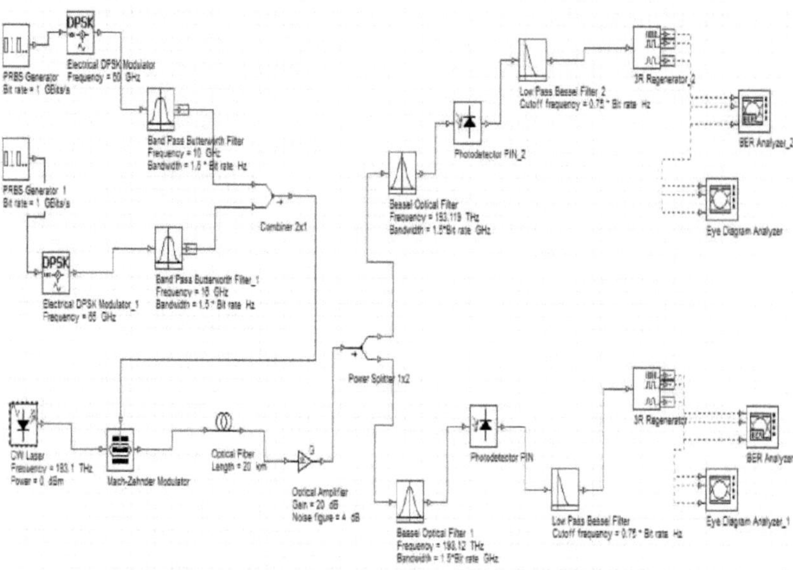

Figura 3.4: Sistema RoF com filtro de Bessel passa-baixo

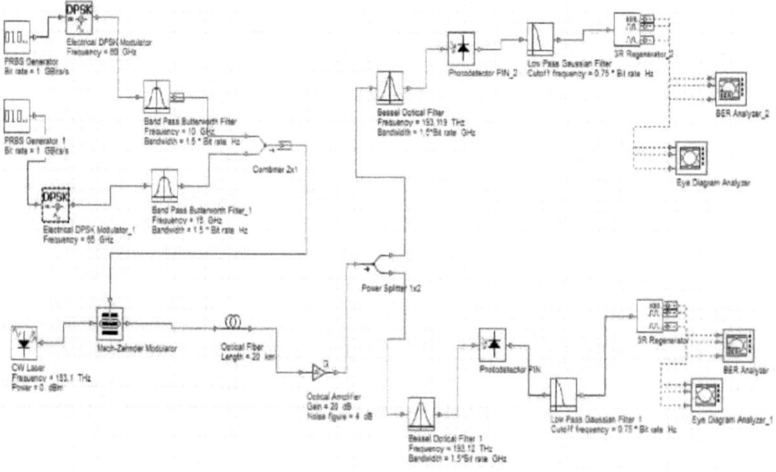

Figura 3.5: Sistema RoF com filtro gaussiano passa-baixo

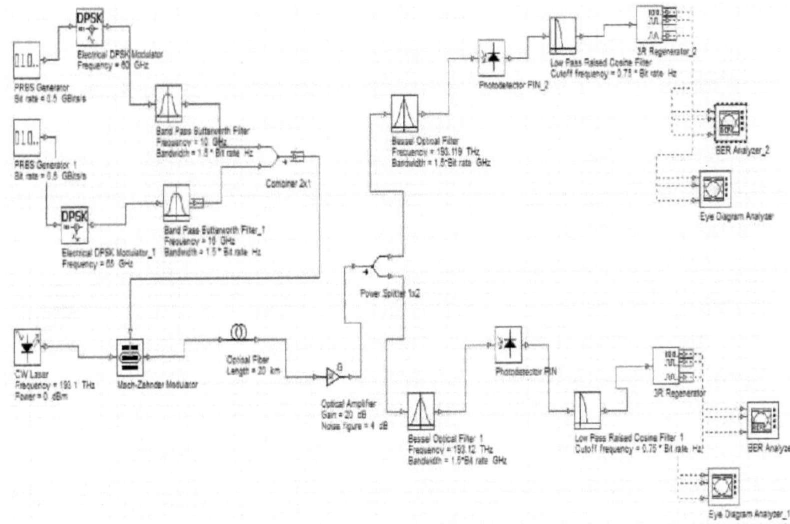

Figura 3.6: Sistema RoF com filtro de cosseno elevado passa-baixo

Tabela 3.1: Parâmetros utilizados na simulação

Parâmetro	Valor
Taxa de bits	2 Gbps
Frequência dos moduladores eléctricos	60 GHz, 65 GHz
Índice de ruído	4 dB
Comprimento da fibra	10 Km a 100 Km
Frequência do transmissor ótico	193,1 THz
Atenuação	0,2 dB/Km
Comprimento de onda de referência	1550 nm
Potência do transmissor ótico	5 dBm
Ganho do amplificador ótico	20 dB
Ruído térmico	1e-022 W/Hz
Ruído de disparo	Presente

3.4 Resultados e discussões

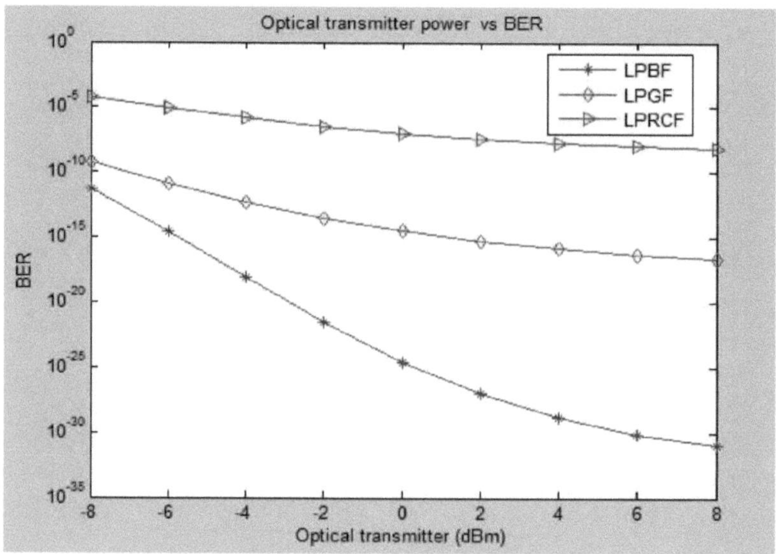

Figura 3.7: BER versus potência do transmissor ótico

A variação da BER em função da potência do transmissor ótico a uma taxa de dados de 2 Gbps num comprimento de fibra de 50 km é apresentada na figura 3.7. Os resultados da figura mostram claramente que, quando a potência ótica do transmissor varia entre -8 dBm e 8 dBm, os valores BER do sistema que utiliza o filtro de bessel passa-baixo, o filtro gaussiano passa-baixo e o filtro de cosseno elevado passa-baixo são de $4,41*10^{-12}$ a $1,02*10^{-31,}$ $5,87*10^{-10}$ a $2,36*10^{-17}$ e $6,15*10^{-5}$ a $7,49*10^{-9}$, respetivamente. Isto indica que o sistema que utiliza o filtro de bessel passa-baixo apresenta o melhor desempenho. O sistema RoF que utiliza o filtro gaussiano passa-baixo apresenta melhor desempenho do que o sistema que utiliza o filtro de cosseno elevado passa-baixo. Os diagramas oculares para um sistema que utiliza LPBF, LPGF e LPRCF a 0dBm de potência ótica do transmissor e a um comprimento de fibra de 50 Km são apresentados nas figuras 3.8, 3.9 e 3.10, respetivamente. Isto indica claramente que o sistema que utiliza LPBF apresenta um melhor desempenho, com uma abertura de olho maior. Uma abertura de olho grande corresponde a uma BER baixa. O fecho do diagrama de olho representa a distorção da forma de onda do sinal devido à interferência intersimbólica (ISI) e ao ruído.

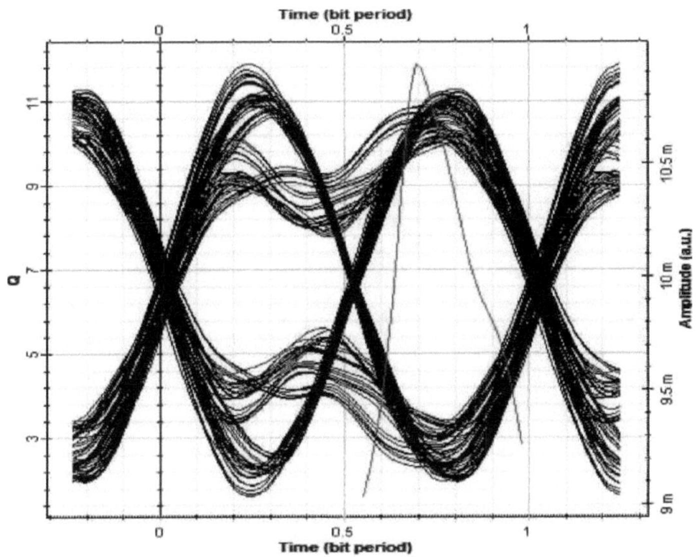

Figura 3.8: Diagrama ocular para o sistema que utiliza LPBF a 0 dBm

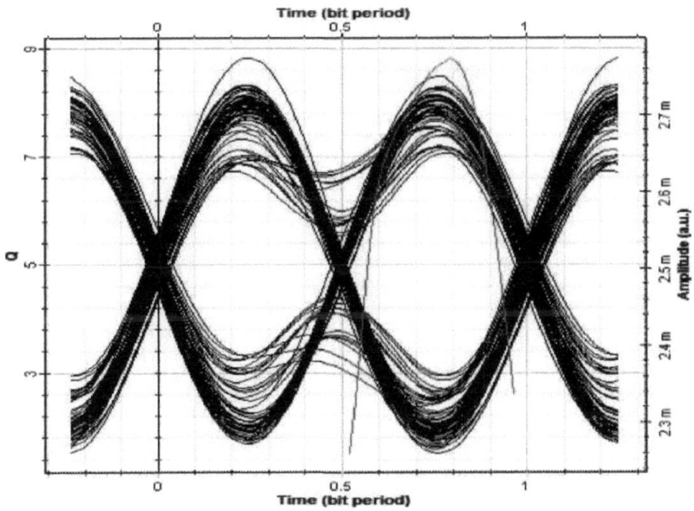

Figura 3.9: Diagrama ocular para o sistema que utiliza LPGF a 0 dBm

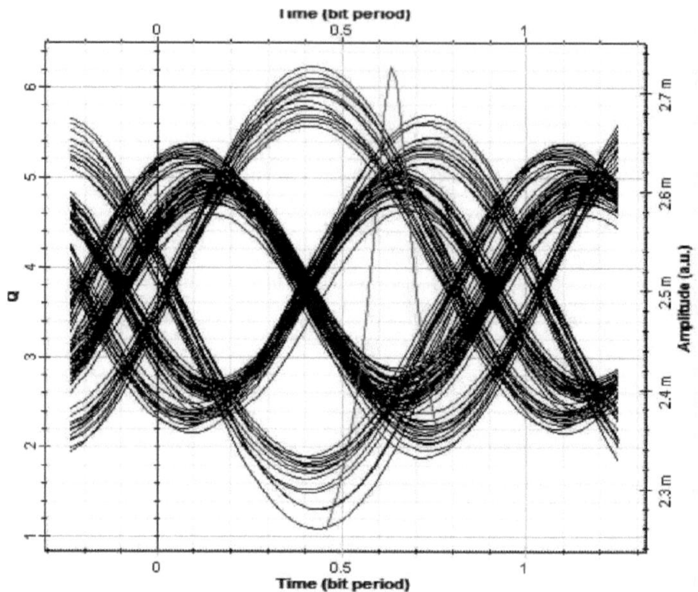

Figura 3.10: Diagrama ocular para o sistema que utiliza LPRCF a 0 dBm

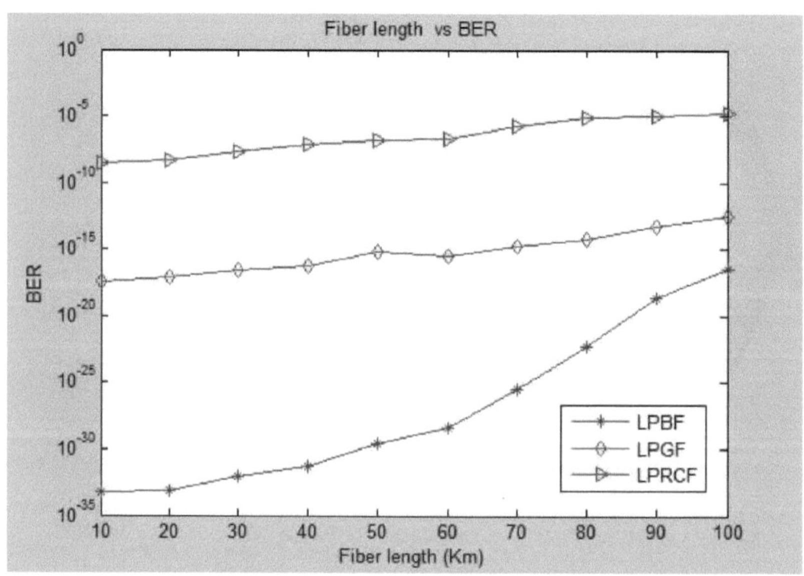

Figura 3.11: BER versus comprimento da fibra

O sistema é simulado para diferentes comprimentos de fibra e os resultados são observados. Variando o comprimento da fibra de 10 a 100 km, quando a potência ótica do transmissor é de 5 dBm, os

44

sistemas de transmissão empregando LPBF, LPGF e LPRCF são analisados e os resultados são observados como mostra a figura 3.11. Quando o comprimento da fibra é de 10 Km para o sistema RoF utilizando LPBF, observa-se que a sua BER é de $5,99*10^{-3}$ 4 Para um comprimento de fibra de 50 Km, observa-se que a sua BER é de $2,98*10^{-30}$. Se aumentarmos ainda mais o comprimento da fibra para 100 Km, como mostra a figura 3.11. A BER do sistema torna-se $3,02*10^{-1}$ 7 Com o aumento do comprimento da fibra, a dispersão aumenta, pelo que o fator Q do sistema diminui e a BER torna-se fraca. Agora, para o sistema RoF utilizando LPGF, quando o comprimento da fibra é de 10 km, apresenta uma BER de $3,74*10^{-18}$, a 50 km o sistema apresenta uma BER de $8,16*10^{-1}$ 6. Se aumentarmos ainda mais o comprimento da fibra para 100 Km, a BER é de $3,00*10^{-13}$. Para o sistema RoF que utiliza LPRCF, com um comprimento de fibra de 10 km, observa-se que a BER é de $2,69*10^{-9}$, com um comprimento de fibra de 50 km observa-se que a BER é de $1,87*10^{-8}$ e, aumentando ainda mais o comprimento da fibra para 100 km, o sistema apresenta uma BER de $1,74*10^{-5}$. Por conseguinte, o sistema que utiliza LPBF apresenta o melhor desempenho em comparação com LPGF e LPRCF. Os diagramas oculares para um sistema que utiliza LPBF, LPGF e LPRCF a uma potência de transmissão ótica de 5dBm e a um comprimento de fibra de 100 Km são apresentados nas figuras 3.12, 3.13 e 3.14, respetivamente. Isto indica claramente que o sistema que utiliza LPBF apresenta um melhor desempenho, com uma abertura de olho maior, e que o sistema que utiliza LPRCF apresenta um desempenho fraco.

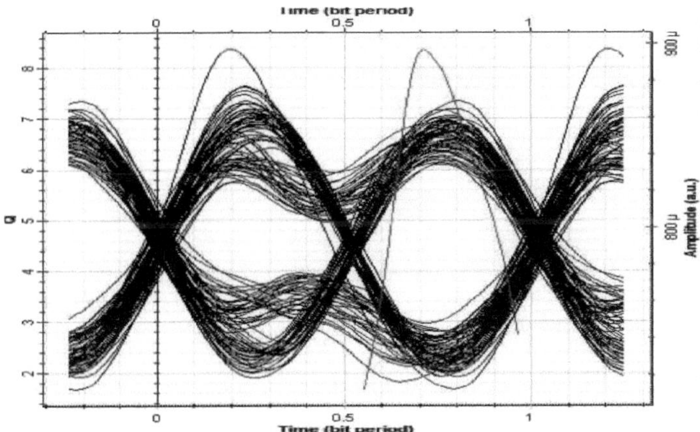

Figura 3.12: Diagrama ocular para o sistema que utiliza LPBF com um comprimento de fibra de 100 km

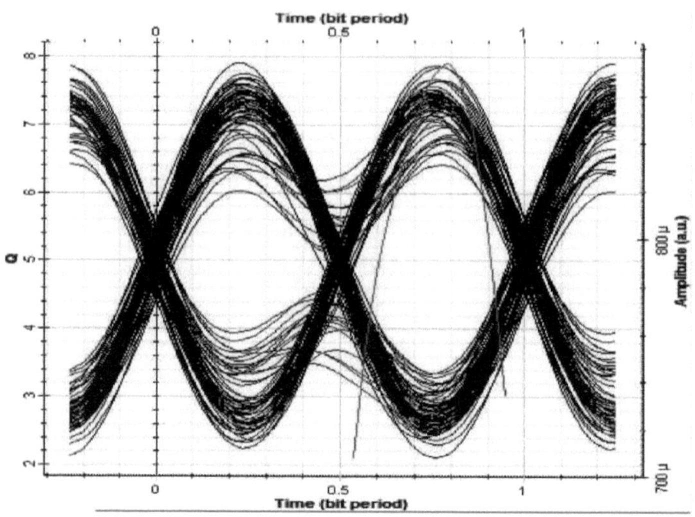

Figura 3.13: Diagrama ocular do sistema que utiliza LPGF com um comprimento de fibra de 100 km

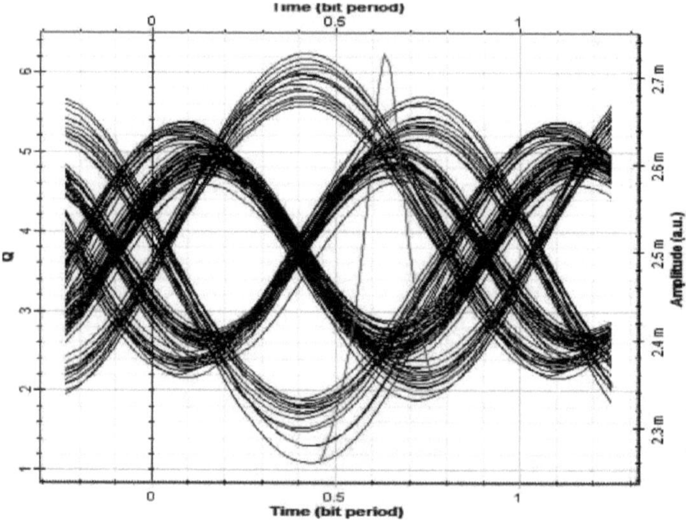

Figura 3.14: Diagrama ocular para o sistema que utiliza LPRCF com um comprimento de fibra de 100 km

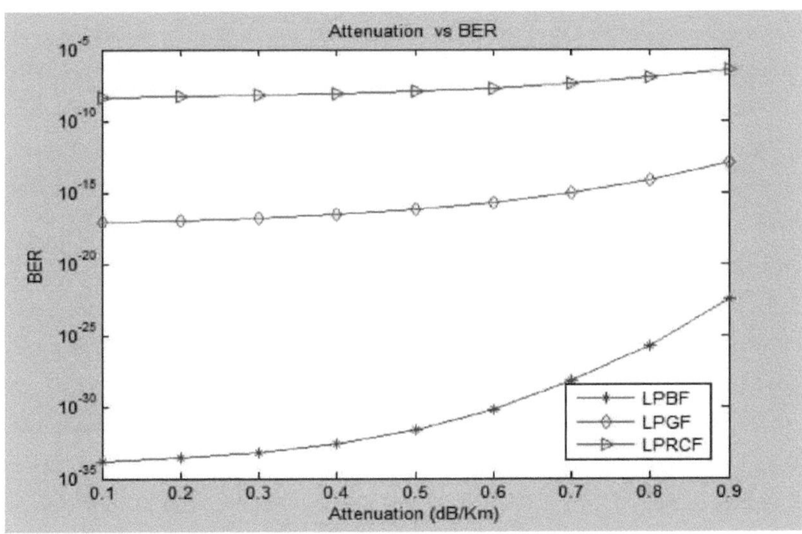

Figura 3.15: BER versus atenuação a 20 Km

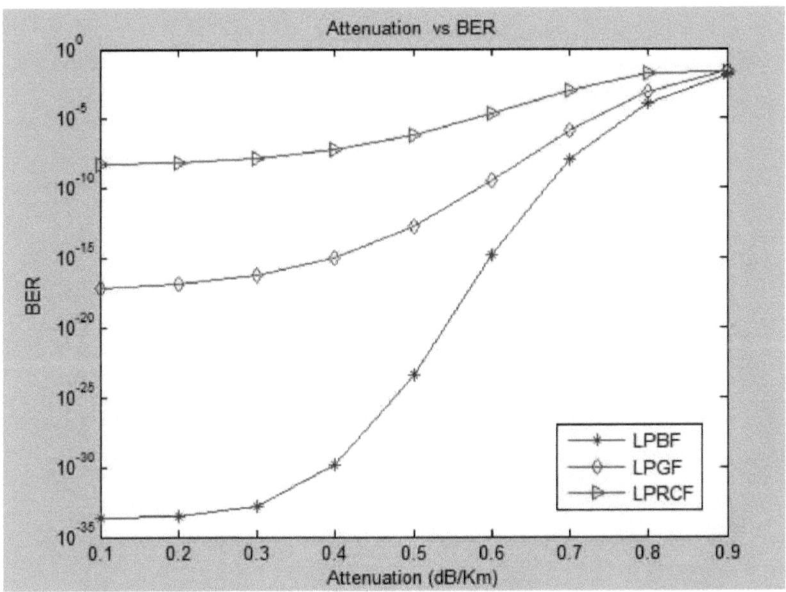

Figura 3.16: BER versus Atenuação a 40 Km

A variação de BER versus atenuação a 20 Km e 40 Km de comprimento de fibra é mostrada na figura 3.15 e na figura 3.16, respetivamente. O desempenho do sistema RoF foi analisado variando a atenuação de 0,1 dB/Km para 0,9 dB/Km a 5dBm. A atenuação na fibra ótica é causada por absorção, dispersão e perdas por flexão. Assim, à medida que a atenuação aumenta, a BER do sistema torna-se fraca e o fator Q diminui. A BER varia entre $1,52*10^{-34}$ e $3,03*10^{-23}$ no sistema que emprega LPBF, $8,94*10^{-18}$ e $1,15*10^{-13}$ no sistema que emprega LPGF e $4,29*10^{-9}$ e $3,41*10^{-7}$ no sistema que emprega LPRCF com um comprimento de fibra de 20 Km, como mostra a figura 3.15. Por outro lado, quando o comprimento da fibra é de 40 Km, a BER varia de $2,41*10^{-34}$ a $1,14*10^{-4}$ no sistema que utiliza LPBF, de $7,76*10^{-18}$ a $2,87*10^{-2}$ no sistema que utiliza LPGF e de $5,42*10^{-9}$ a $1,99*10^{-2}$ no sistema que utiliza LPRCF, como mostra a figura 3.16. Isto mostra que o sistema que utiliza LPBF é menos afetado pela atenuação e apresenta o melhor desempenho, ao passo que o sistema que utiliza LPRCF é afetado ao máximo pela atenuação, pois apresenta uma BER muito fraca, degradando assim o desempenho do sistema. Observa-se também na figura 3.15 e na figura 3.16 que, quando os resultados são analisados em termos de BER versus atenuação para um comprimento de fibra maior (40 Km), a BER aumenta significativamente em comparação com os resultados analisados para um comprimento de fibra pequeno (10 Km). Isto indica claramente que, à medida que o comprimento da fibra aumenta, a atenuação aumenta. Os diagramas oculares para um sistema que utiliza LPBF, LPGF e LPRCF a uma potência de transmissão ótica de 5dBm, um comprimento de fibra de 50 Km e uma atenuação de 0,2 dB/Km são apresentados nas figuras 3.17, 3.18 e 3.19, respetivamente. Isto indica claramente que o sistema que utiliza LPBF apresenta um melhor desempenho, com uma abertura de olho maior, e que o sistema que utiliza LPRCF apresenta um desempenho fraco.

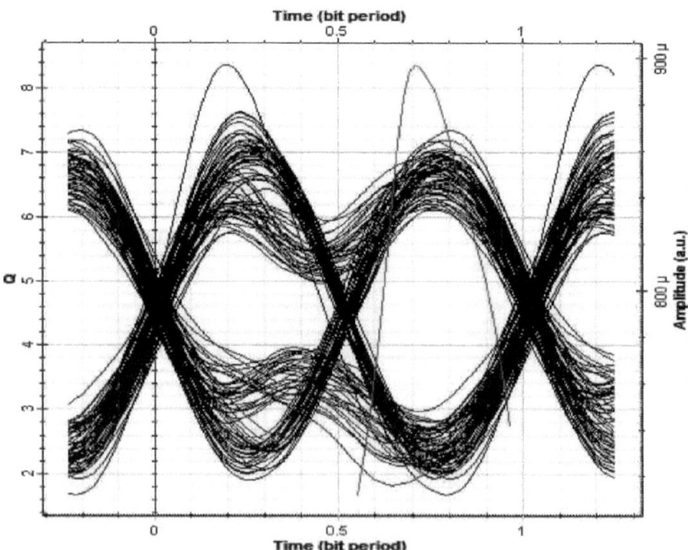

Figura 3.17: Diagrama ocular para o sistema que utiliza LPBF com atenuação de 0,2dB/Km

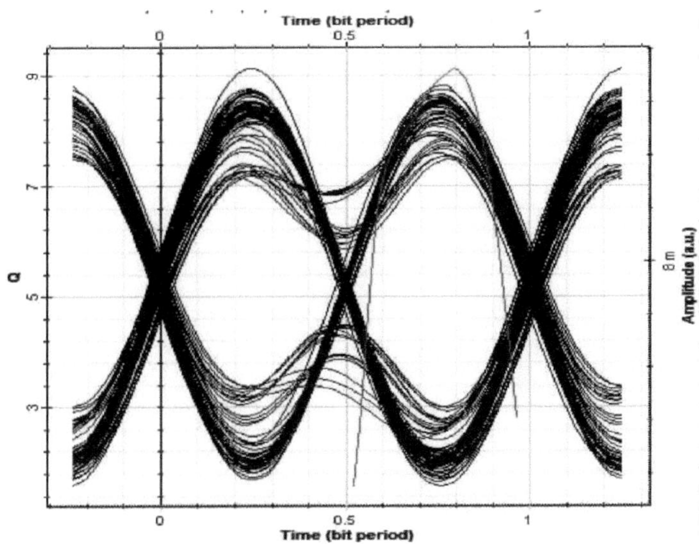

Figura 3.18: Diagrama ocular para o sistema que utiliza LPGF com atenuação de 0,2dB/km0,2dB/km

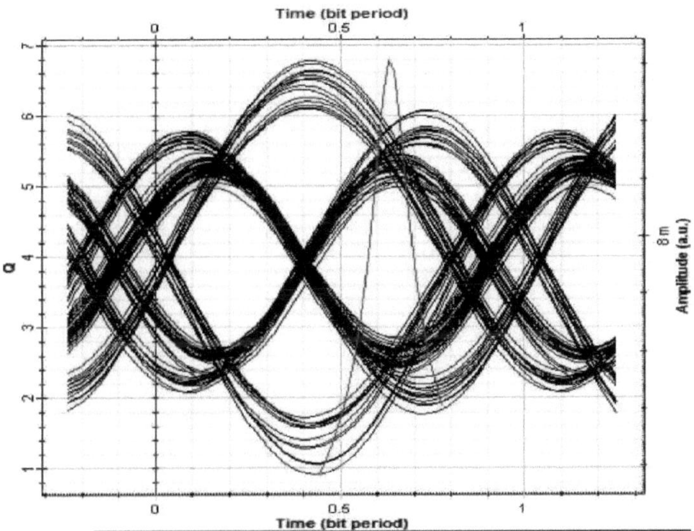

Figura 3.19: Diagrama ocular para o sistema que utiliza LPRCF com atenuação de 0,2dB/Km

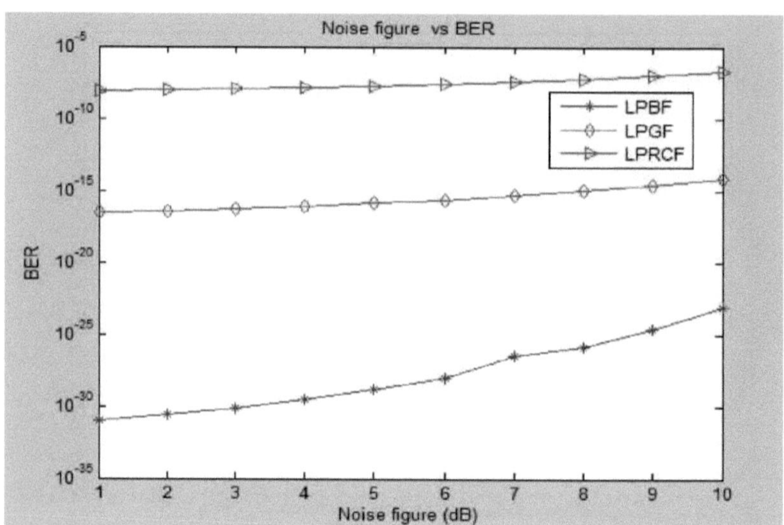

Figura 3.20: BER versus figura de ruído a 5 dBm

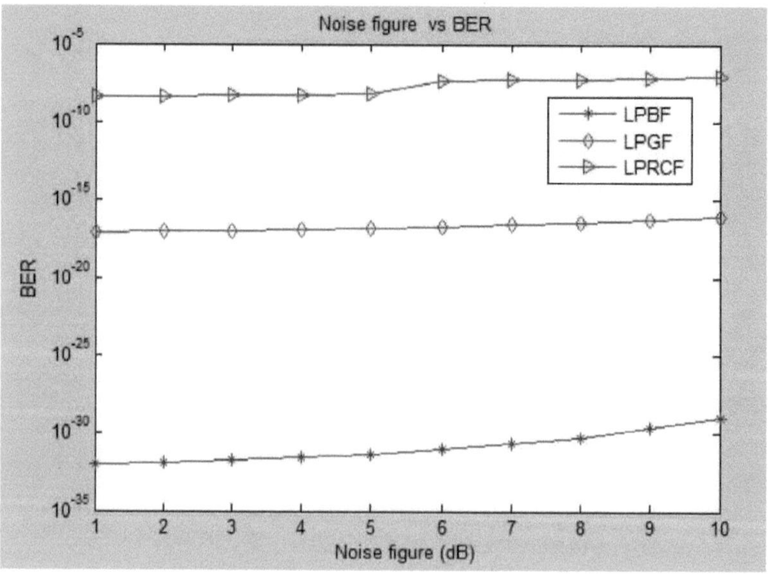

Figura 3.21: BER versus figura de ruído a 10 dBm

O desempenho do sistema RoF em termos de taxa de erro de bits com diferentes valores da figura de ruído é apresentado na figura 3.20 e na figura 3.21 a 5 dBm e 10 dBm, respetivamente, quando o comprimento da fibra é de 50 Km. A figura de ruído de um sistema é a diminuição ou degradação da relação sinal-ruído à medida que o sinal atravessa o sistema. Por conseguinte, à medida que o valor da figura de ruído do amplificador ótico aumenta, a BER do sistema degrada-se, como se mostra na figura 3.20 e na figura 3.21. A BER varia entre $1,08*10^{-31}$ e $1,34*10^{-24}$ no sistema que emprega LPBF, $2,80*10^{-17}$ e $7,34*10^{-15}$ no sistema que emprega LPGF e $1,78*10^{-7}$ e $4,04*10^{-9}$ no sistema que emprega LPRCF a 5 dBm de potência ótica do transmissor, como mostra a figura 3.20. Por outro lado, quando a potência ótica do transmissor é de 10 dBm, a BER varia entre $9,45*10^{-33}$ e $1,03*10^{-29}$ no sistema que utiliza LPBF, $8,33*10^{-18}$ e $8,42*10^{-17}$ no sistema que utiliza LPGF e $4,23*10^{-9}$ e $1,70*10^{-8}$ no sistema que utiliza LPRCF, como mostra a figura 3.21. O BER mínimo pode ser observado no sistema que utiliza LPBF quando a figura de ruído varia de 1 dB a 10 dB. O sistema que utiliza a LPRCF apresenta a BER mais elevada, degradando assim o desempenho do sistema. Observa-se também na figura 3.20 e na figura 3.21 que, quando os resultados são analisados para BER versus figura de ruído a uma potência mais elevada (10 dBm), a BER reduz significativamente em comparação com os resultados analisados para uma potência mais baixa (5 dBm). Os diagramas oculares para um sistema que utiliza LPBF, LPGF e LPRCF a uma potência de transmissão ótica de 5 dBm, uma figura de ruído de 10 dB e um comprimento de fibra de 50 km são apresentados nas figuras 3.22, 3.23 e 3.24, respetivamente. Isto indica claramente que o sistema que utiliza LPBF apresenta um melhor desempenho, com uma abertura de olho maior, e que o sistema que utiliza LPRCF apresenta um mau desempenho. Uma abertura de olho grande corresponde a uma BER baixa. O fecho do diagrama de olho representa a distorção da forma de onda do sinal devido à interferência intersimbólica (ISI) e ao ruído.

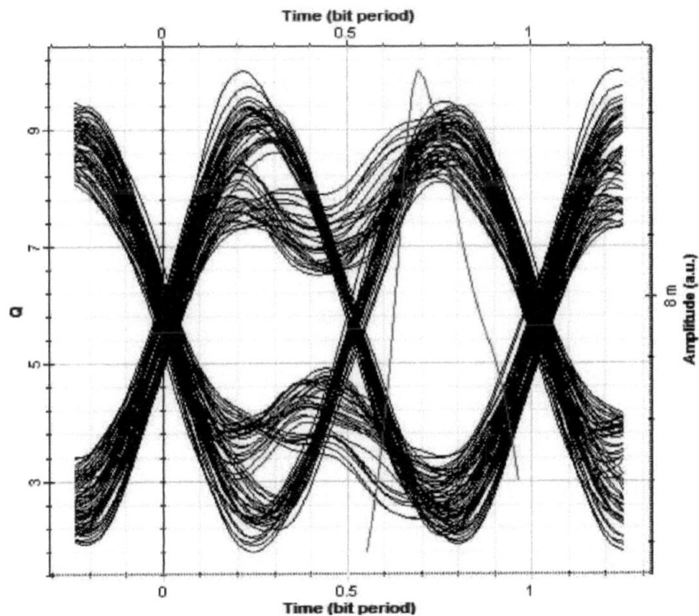

Figura 3.22: Diagrama ocular para o sistema que utiliza LPBF com uma figura de ruído de 10 dB

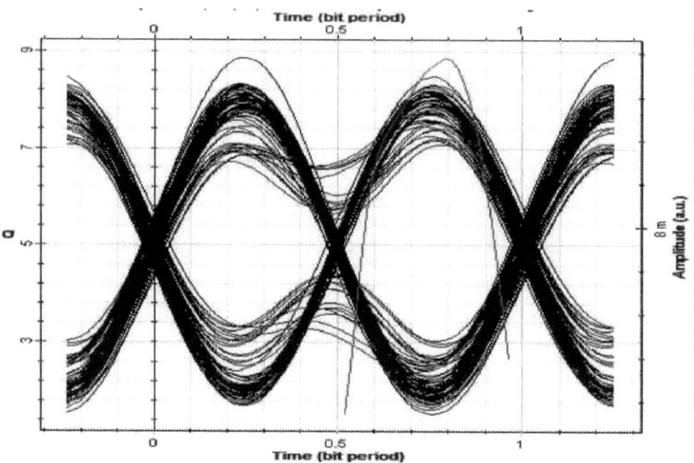

Figura 3.23: Diagrama ocular para o sistema que utiliza LPGF com uma figura de ruído de 10 dB

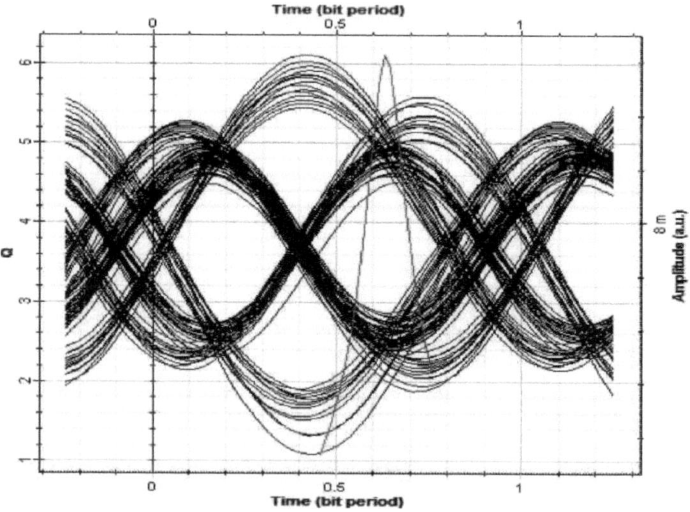

Figura 3.24: Diagrama ocular para o sistema que utiliza LPRCF com uma figura de ruído de 10 dB

3.5 Conclusão

Neste capítulo, o desempenho do sistema que incorpora a técnica de modulação DPSK é analisado utilizando 3 filtros diferentes, ou seja, LPBF, LPGF e LPRCF. A análise foi efectuada utilizando a taxa de erro de bits como métrica de desempenho. Os resultados da simulação mostram que o sistema RoF que incorpora a modulação DPSK apresenta uma BER mínima quando utilizado com LPBF, ao passo que o sistema com LPRCF apresenta um desempenho fraco. As simulações são efectuadas utilizando vários parâmetros como a potência do transmissor ótico, a atenuação e a figura de ruído e o comprimento da fibra. Todos os resultados mostram claramente que o sistema RoF que utiliza LPBF apresenta o melhor desempenho e que o sistema que utiliza LPRCF apresenta um desempenho fraco. Por conseguinte, o LPBF é o melhor filtro para este sistema.

CAPÍTULO-4

Análise comparativa de diferentes lasers e investigação do impacto dos ruídos no desempenho do sistema de comunicação por rádio sobre fibra

4.1 Introdução

Com o rápido crescimento da procura de largura de banda em redes de acesso com e sem fios, as tecnologias de sistemas de rádio sobre fibra de banda milimétrica (mm-wave) são capazes de fornecer sinais de radiofrequência (RF) multi-gigabit a numerosas unidades de acesso remoto centralizadas e simplificadas através de conetividade de fibra ótica [15]. A tecnologia RoF funciona como uma rede local ou pessoal sem fios de alta velocidade e tem sido proposta como uma solução promissora e económica. O desempenho de qualquer sistema depende dos componentes utilizados na conceção do sistema. Este capítulo centra-se no primeiro objetivo do trabalho de investigação, que é a análise comparativa de diferentes lasers e a descoberta do laser mais adequado para o sistema RoF proposto. Os lasers incluídos nesta análise são o laser CW, o laser de equação de taxa e o laser diretamente modulado (DML). Esta análise é efectuada na presença de ruído de fase, ruído térmico e ruído de emissão espontânea amplificada (ASE) no sistema. O ruído é um dos principais factores que afectam a qualidade do sinal transmitido. Quando o ruído está presente no sistema, o desempenho do sistema degrada-se. O objetivo deste capítulo é analisar qual o laser menos afetado e qual dos três é mais afetado pela presença de vários ruídos no sistema. Todas as simulações são efectuadas no Optisystem 7.

4.2 Lasers utilizados para análises

4.2.1 Laser de onda contínua

Os lasers diferem uns dos outros não só no que respeita ao comprimento de onda ou à potência ótica, mas também na forma como a potência é emitida. A potência pode ser emitida de forma contínua (funcionamento em onda contínua) ou sob a forma de impulsos (impulsos longos, impulsos gigantes / q-switched ou mode-locked). O funcionamento de onda contínua (CW) de um laser significa que o laser é continuamente bombeado e emite luz continuamente. Os lasers CW produzem um feixe de luz ininterrupto e contínuo, idealmente com uma potência de saída muito estável. A saída de um laser de onda contínua é nominalmente constante num intervalo de segundos ou mais [5]. Um exemplo disto é o feixe vermelho constante de um ponteiro laser. Os lasers de díodo CW são compactos e relativamente baratos. O primeiro laser de onda contínua foi um laser de hélio-neão que funcionava a 1153 nm. Pouco depois, foi criada uma versão que funcionava com o comprimento de onda de emissão atualmente comum de 632,8 nm. Mais tarde, foram desenvolvidos muitos outros tipos de lasers que também podem funcionar em contínuo: outros lasers de gás, muitos tipos de lasers de estado sólido (incluindo lasers de semicondutores) e lasers de corantes. A maioria das aplicações dos lasers de ondas contínuas exige que a potência seja tão estável quanto possível durante longos períodos de tempo (horas ou semanas), bem como durante curtos períodos de tempo (microssegundos), dependendo da aplicação específica.

4.2.2 Equação de taxa laser

As equações de taxa regem a taxa a que as populações de vários níveis de energia se alteram na presença de radiação laser e sob a ação da bomba. A abordagem das equações de taxa fornece um meio conveniente de estudar a dependência temporal das populações atómicas de vários níveis na presença de radiação a frequências correspondentes às diferentes transições do átomo. As equações de taxa do díodo laser modelam o desempenho elétrico e ótico de um díodo laser [5]. As equações de taxa podem ser resolvidas por integração numérica para obter uma solução no domínio do tempo, ou utilizadas para derivar um conjunto de equações de estado estacionário ou de pequenos sinais para ajudar a compreender melhor as caraterísticas estáticas e dinâmicas dos lasers semicondutores. As equações de taxa do díodo laser podem ser formuladas com maior ou menor complexidade para modelar diferentes aspectos do comportamento do díodo laser com precisão variável.

1. Equação de taxa laser para um sistema atómico de 2 níveis

Em primeiro lugar, é discutida a equação da taxa de laser para o sistema atómico de dois níveis. O processo de bombagem fornece a radiação incidente que satisfaz $h\upsilon = E2 - E1$, $E2 > E1$. Definimos w_{12} como a possibilidade de os átomos saltarem de E1 para E2 devido a absorção estimulada e w_{21} como a possibilidade de os átomos saltarem de E2 para E1 devido a emissão estimulada, w_{12} e w_{21} são definidos como a correspondente taxa de relaxação ou decaimento (incluindo a taxa de radiação espontânea e a taxa de decaimento sem radiação). As equações de taxa para um sistema atómico de dois níveis são então as seguintes

$$dN_1(t)/dt = -dN_2(t) = -[W_{12}+w_{12}]N_1(t) +[W_{21}+w_{21}]N_2(t) \tag{1}$$

$$N_1(t)+N_2(t) = N \tag{2}$$

$$\Delta N = N_1 - N_2 \tag{3}$$

$$w_{12} = w_{21} = 1/T_1 \tag{4}$$

N é o número total de átomos, $N=N1-N2$ é a diferença de população. T_1 é o tempo de recuperação da população ou o tempo de relaxamento de energia do sistema. N_{10} e N_{20} são definidos como a população de átomos no equilíbrio térmico, $N_0=N_{10}-N_{20}$ como a diferença de população no equilíbrio térmico. Note também que $w_{12}=w_{21}$. Após algumas operações, obtemos:

$$d\Delta N(t)/dt = -2W_{12}\Delta N(t)-[\Delta N(t)-\Delta N_o]/T_1 \qquad (5)$$

No estado estacionário, ou seja, quando N não varia com o tempo, obtemos

$$\Delta N = \Delta N_O/\ (1+2W_{12}2T_1) \qquad (6)$$

N0 é maior que zero, W_{12} está intimamente relacionado com o sinal incidente e quanto mais forte for o sinal incidente, maior será W_{12}, $W_{12}{>}0$. A equação acima mostra que, para um sistema atómico de dois níveis, o sinal incidente fará com que a diferença de população N se aproxime de zero quando o sinal é suficientemente forte, mas não ocorre inversão da população. O melhor que pode acontecer é no estado estacionário ou na saturação, em que a diferença de população se torna 0. Assim, para obter a inversão de população, temos de utilizar sistemas atómicos com mais de dois níveis de energia relacionados.

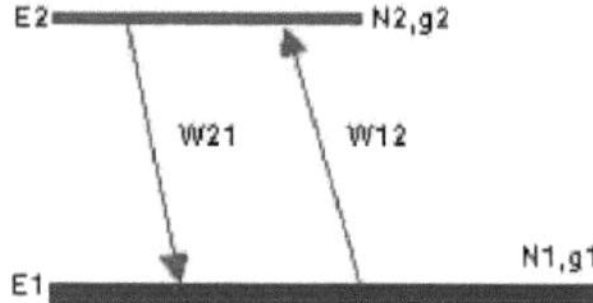

Figura 4.1: Sistema atómico de dois níveis [5]

2. Equação da taxa de laser para um sistema laser de três níveis

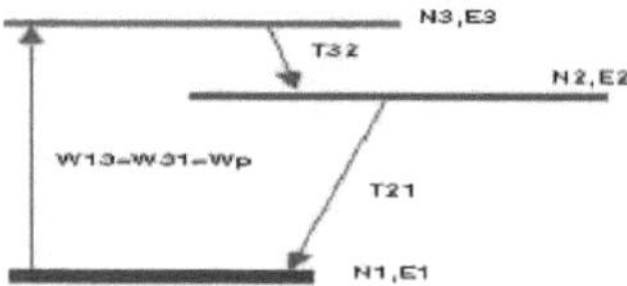

Figura 4.2: Sistema atómico de três níveis [5]

No caso do sistema laser de três níveis, E1 é o estado fundamental, a ativação situa-se entre E2 e E_1. O laser de rubi é um sistema laser típico de três níveis.

Supondo que o processo de bombagem produz uma probabilidade de transição estimulada entre E1 e E3, $W_{13}{=}W_{31}{=}W_p$. Os átomos em E3 têm um tempo de decaimento rápido T_{32}, ou seja, os átomos em E3 decaem para E2 num tempo muito curto T_{32}. Os átomos em E2 têm um tempo de transição relativamente lento T_{21}, ou seja, os átomos em E2 levarão mais tempo a mudar para E1 do que os átomos de E3 para E_2. Além disso, temos $N{=}N_1{+}N_2{+}N_3$. Assim, as equações de taxa para sistemas laser de três níveis são:

$$dN_3/dt = W_p(N_1-N_3)-N_3/T_{32} \tag{7}$$

$$dN_2/dt = N_3/T_{32}-N_2/T_{21} \tag{8}$$

$$N = N_1 + N_2 + N_3 \tag{9}$$

$$\beta = N_3/N_2 = T_{32}/T_{21} \tag{10}$$

No estado estacionário, a diferença de população entre E2 e E1 é:

$$(N_2 - N_1)/N = \frac{(1-\beta)W_p\,T_{21}-1}{(1+2\beta)\,W_p\,T_{21}+1} \tag{11}$$

Do exposto, vemos que para que ocorra a inversão da população, ou seja, para que N2-N1>0, a taxa de bombeamento Wp deve satisfazer: WpT21>1/(1-b). Assim, conclui-se que a inversão da população é possível para um sistema atómico de três níveis. A condição é T32<<T21 e a taxa de bombagem deve ser superior a um valor limite positivo. Como N1 é o nível de base, N1 é sempre muito grande no início. A inversão da população começa depois de metade dos átomos do nível fundamental serem bombeados para o nível E2.

4.2.3 Laser de modulação direta (DML)

Os LMD são utilizados principalmente para transmissões a curta distância em aplicações de telecomunicações e comunicação de dados. Tal deve-se principalmente a limitações como uma maior dispersão cromática, um rácio de extinção relativamente baixo e uma resposta em frequência inferior. O DML oferece uma configuração de circuito elétrico simples para funcionamento, pelo que pode ser adaptado a um design compacto. São utilizados para velocidades relativamente baixas ($\leq$25 Gbps) [56]. A modulação direta é evitada com díodos laser quando é necessária uma largura de linha estreita, devido a um efeito de chirping de elevada largura de banda quando se aplica e retira a corrente ao laser. Estas limitações devem-se principalmente ao facto de a modulação alterar diretamente as propriedades do laser. A dispersão cromática no LMG é causada por um desvio do comprimento de onda de laser devido à alteração do índice de refração na sua área ativa em consequência da alteração da quantidade de corrente injetada. A resposta em frequência de um LMG depende fortemente da frequência de relaxação e a frequência máxima de funcionamento é limitada pela frequência de relaxação. O rácio de extinção de um LMG causado pelo ligar/desligar da corrente de injeção torna-se maior com uma grande corrente de injeção (sinal elétrico de entrada ligado/desligado), mas degrada-se se a corrente de injeção se tornar demasiado grande.

4.3 Conceção do sistema

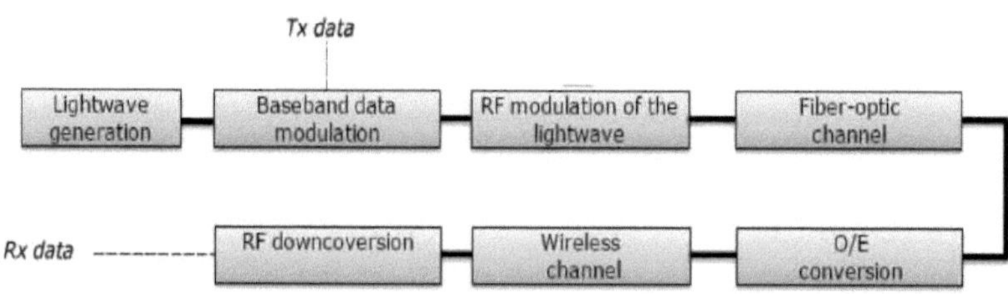

Figura 4.3: Diagrama de blocos do sistema RoF [10]

A figura 4.3 mostra o diagrama de blocos do sistema RoF. O díodo laser é diretamente modulado por sinais de RF, o que resulta em sinais ópticos de intensidade modulada. Assim, no transmissor, tem lugar a conversão electro-ótica. Posteriormente, o sinal é transmitido através de uma fibra ótica para a estação de base. Na estação de base, o fotodíodo PIN efectua uma operação de conversão O/E, para emitir um sinal elétrico de RF.

4.4 Modelo de simulação proposto

A simulação do sistema RoF utilizando um laser CW, um laser de equação de taxa e um laser diretamente modulado é apresentada nas figuras 4.4, 4.5 e 4.6, respetivamente. Este modelo proposto utiliza a multiplexagem de subportadoras na técnica de modulação ASK. O gerador de sequências de bits pseudo-aleatórias (PRBS) com uma taxa de bits de 1 Gbps gera um sinal lógico, ou seja, na forma de 1 (ligado) e 0 (desligado). Em seguida, a sua saída vai para o gerador de impulsos NRZ, que cria uma sequência de impulsos sem retorno a zero codificados por um sinal digital de entrada e transforma o sinal digital de entrada num sinal elétrico NRZ. Nesta configuração, é utilizado um laser CW que funciona a uma frequência de 193,1 THz. Uma série de laser CW de largura de banda estreita é modulada com vários comprimentos de onda através de um modulador LiNb Mach-Zehnder, de modo a gerar sinais a jusante. Os sinais de dados de ligação descendente são então misturados com um oscilador local cuja frequência é de 10 GHz e um gerador de portadora com frequência de 49,25 MHz com 78 canais. Este sinal é então amplificado por um amplificador de fibra dopada com érbio (EDFA) e passa através de uma fibra monomodo (SMF) de 50 km de comprimento, comprimento de onda de referência de 1550 nm e atenuação de 0,2 dB/Km. Um outro foto-detetor converterá este sinal ótico diretamente em sinal de banda de base. O ruído térmico igual a 1,85e-025 é produzido pelo fotodetetor neste sistema, como mostra a figura 4.7. O sinal é agora desmodulado e passado através de um filtro passa-baixo que funciona a uma frequência de 1,7 GHz e uma largura de banda de 1 GHz. O filtro retangular passa-baixo (frequência de corte = 0,75 * taxa de bits Hz) é utilizado para filtrar os componentes de frequência mais elevada e reduzir o efeito do ruído do sinal, como mostra a figura 4.8. Finalmente, obtemos os dados que foram inicialmente transmitidos. O diagrama de olho para o sistema que utiliza laser CW a 0 dBm e 10 dBm é apresentado na figura 4.9 e na figura 4.10, respetivamente. Uma grande abertura do olho corresponde a uma baixa BER. O fecho do diagrama de olho representa a distorção da forma de onda do sinal devido à interferência intersimbólica (ISI) e ao ruído. Para o sistema que utiliza o laser de equação de taxa, os diagramas de olho a 0 dBm e 10 dBm são apresentados na figura 4.11 e na figura 4.12, respetivamente. Do mesmo modo, os diagramas oculares para o sistema que utiliza DML a 0 dBm e a 10 dBm são apresentados na figura 4.13 e na figura 4.14, respetivamente.

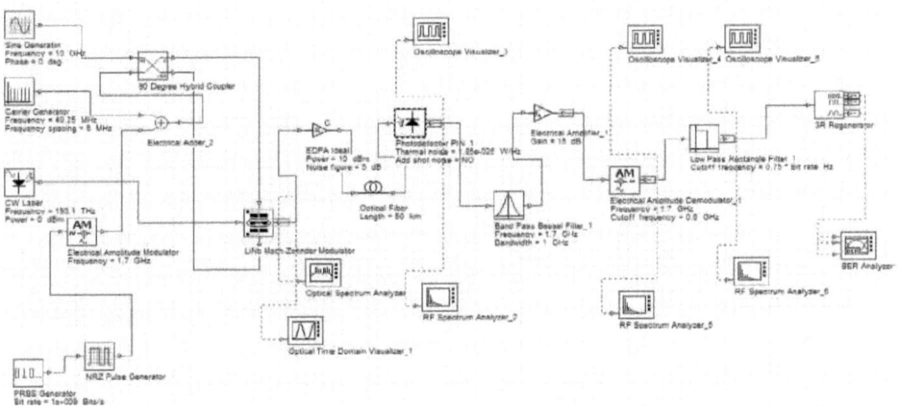

Figura 4.4: Configuração de simulação proposta para o sistema RoF utilizando laser CW

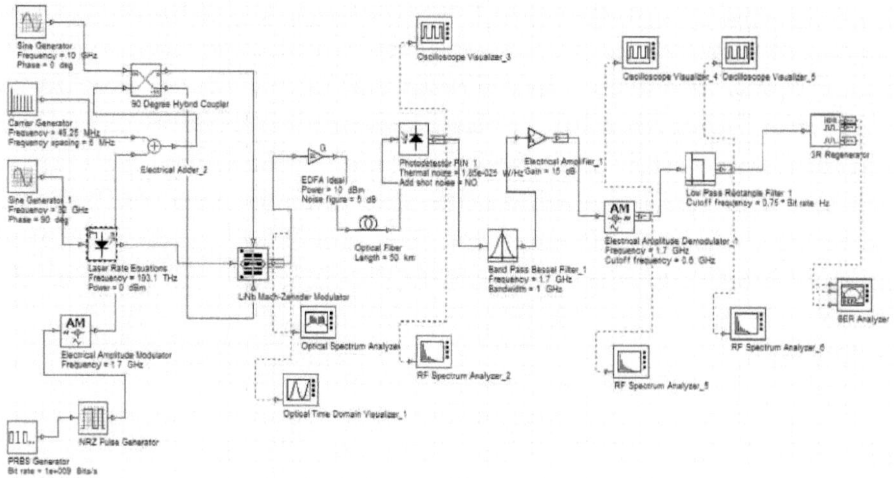

Figura 4.5: Configuração de simulação proposta para o sistema RoF utilizando a equação de taxa laser

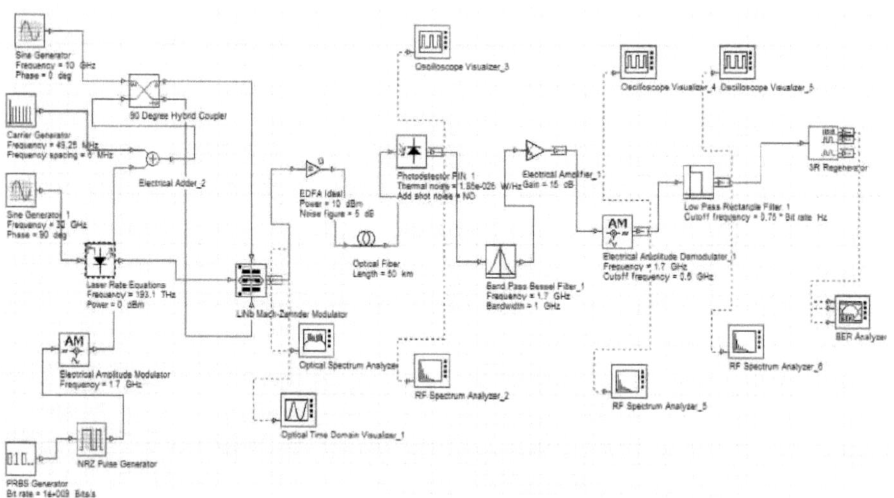

Figura 4.6: Modelo de simulação proposto para RoF utilizando laser diretamente modulado (DML)

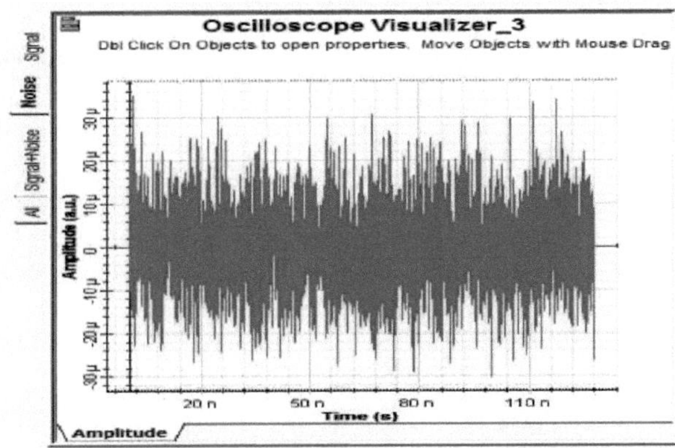

Figura 4.7: Visualizador de osciloscópio que mostra o efeito do ruído no fotodetector

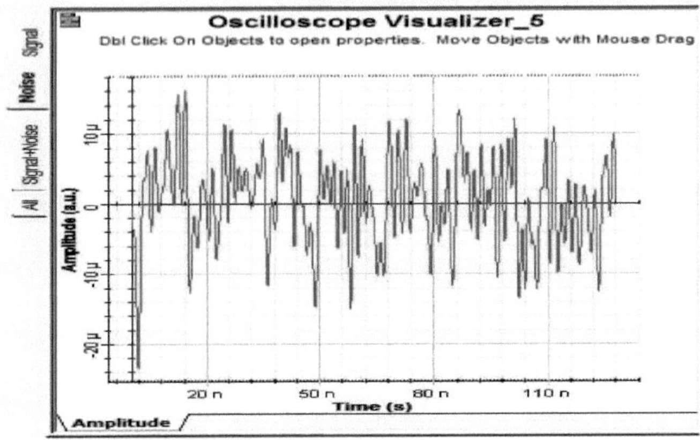

Figura 4.8: Visualizador de osciloscópio que mostra o efeito do ruído no filtro passa-baixo

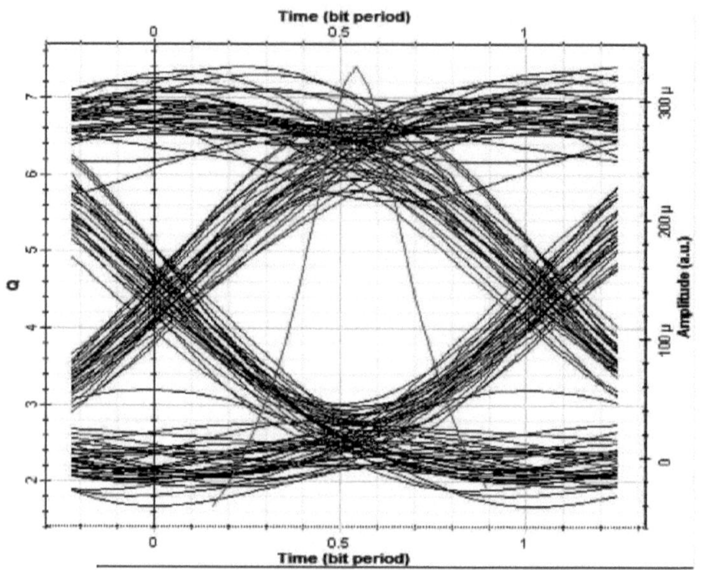

Figura 4.9: Diagrama ocular para o sistema que utiliza um laser CW a 0 dBm

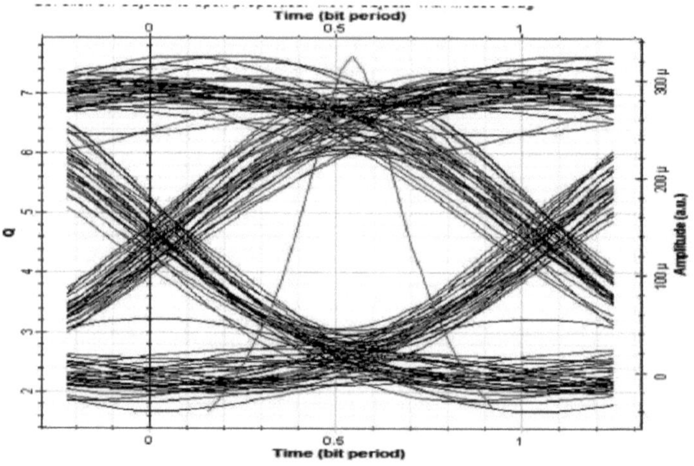

Figura 4.10: Diagrama ocular do sistema que utiliza um laser CW a 10 dBm

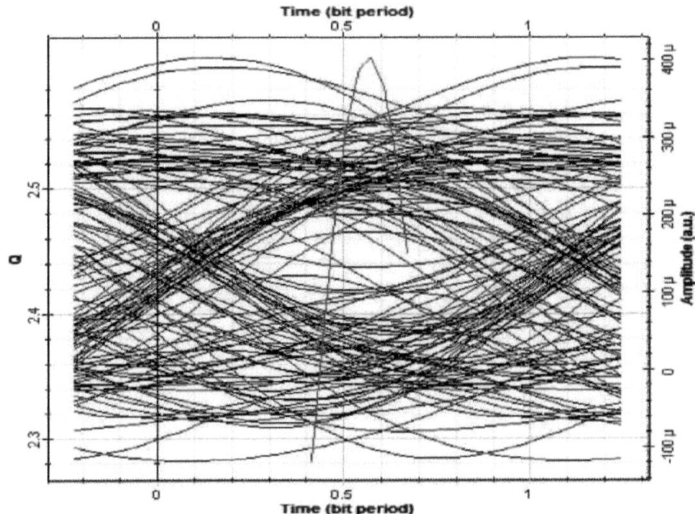

Figura 4.11: Diagrama ocular para um sistema que utiliza um laser de equação de taxa a 0 dBm

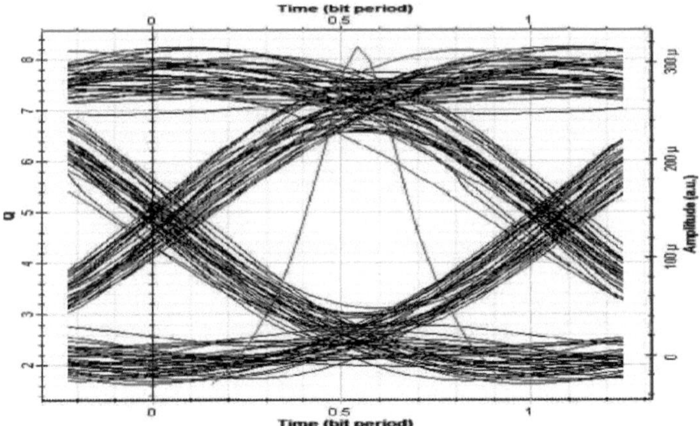

Figura 4.12: Diagrama ocular para um sistema que utiliza um laser de equação de taxa a 10 dBm

Tim-e tbit œriodll

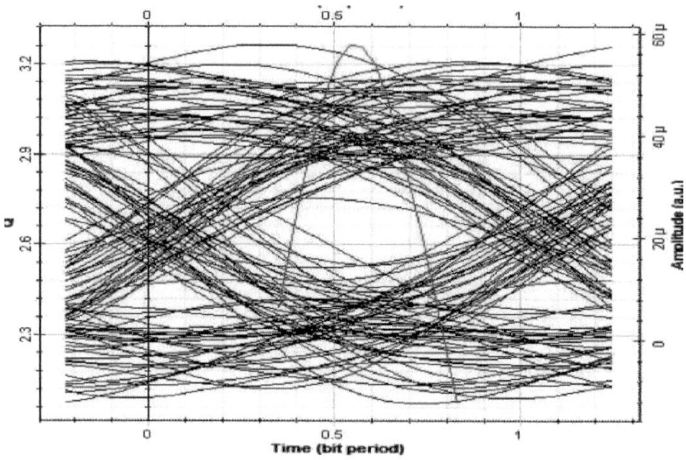

Figura 4.13: Diagrama ocular para o sistema que utiliza DML a 0 dBm

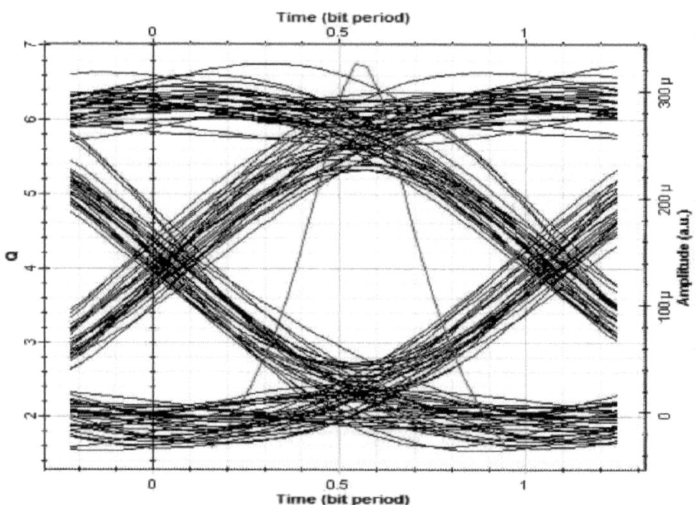

Figura 4.14: Diagrama ocular para o sistema que utiliza DML a 10 dBm

Tabela 4.1: Parâmetros do sistema utilizados na simulação

Parâmetros	Valor
Taxa de bits	1 Gbps
Frequência do transmissor ótico	193,1 THz
Potência do transmissor ótico	0 dBm,10 dBm
Comprimento da fibra	50 Km

Atenuação	0,2 dB/Km
Ganho do amplificador elétrico	15 dB
Ruído térmico	$1,85*10^{-25}$ W/Hz
Ruído de disparo	Não presente
Índice de ruído	5 dB

4.5 Resultados e discussões

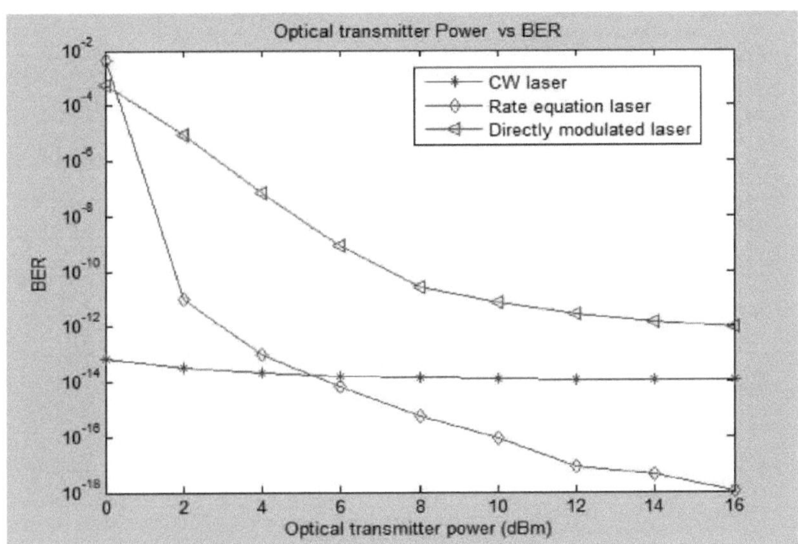

Figura 4.15: BER versus potência do emissor ótico

A variação da taxa de erro de bits em função da potência do transmissor ótico a uma distância de 50 km é apresentada na figura 4.15. Os resultados da figura mostram claramente que, a 0 dBm, os valores BER para o sistema com laser CW, laser de equação de taxa e laser DML são de $6,594*10^{-14}$, $5,502*10^{-4}$ e $4,580*10^{-3}$ respetivamente. Isto mostra que, a 0 dBm, o sistema com laser de equação de taxa é mais afetado por ruídos e o desempenho do sistema deteriora-se, pois observa-se um valor fraco de BER. A 5 dBm, os valores de BER para o sistema com laser CW, laser de equação de taxa e laser DML são de $1,765*10^{-14}$, $3,804*10^{-14}$ e $7,102*10^{-9}$ respetivamente. A Figura 4.15 indica claramente que o sistema apresenta o melhor desempenho com o laser CW até 5 dBm, uma vez que apresenta um BER melhorado. Assim, o menor efeito do ruído é observado abaixo de 5 dBm no sistema com laser CW. Mas à medida que a potência do transmissor ótico aumenta acima de 5 dBm, observa-se uma melhoria gradual no sistema com laser de equação de taxa. Isto mostra que, acima de 5 dBm, o sistema com equação de taxa é menos afetado pela presença de ruído e apresenta o melhor desempenho em comparação com o sistema com laser CW e laser DML. O sistema RoF que utiliza o laser DML é mais afetado por vários ruídos, uma vez que apresenta uma BER fraca. A partir da tabela, observamos que, à medida que aumentamos a potência do transmissor ótico de 0 dBm para 16 dBm, observa-se uma melhoria no desempenho da BER, o que significa que o efeito dos ruídos no sistema diminui.

Tabela 4.2: Resultados da simulação da taxa de erro de bits em função da potência do transmissor ótico

Potência (dBm)	Taxa de erro de bits		
	Laser CW	Equação de taxa laser	Laser de modulação direta
0	$6.5944*10^{-14}$	$4,5803*10\ 3^{-}$	$5.5026*10^{-4}$
2	$3.2408*10^{-14}$	$9.8892*10^{-12}$	$8,5963*10\ 6^{-}$
4	$2.0640*10^{-14}$	$9.5085*10^{-14}$	$7.1572*10^{-8}$
6	$1.5619*10^{-14}$	$6,6562*10\ 5^{-1}$	$8,5628*10\ 0^{-1}$
8	$1.3203*10^{-14}$	$5.3807*10^{-16}$	$2.6064*10^{-11}$
10	$1.1966*10^{-14}$	$8.4891*10^{-17}$	$7.7143*10^{-12}$
12	$1.1322*10^{-14}$	$8.3657*10^{-18}$	$2,8235*10\ 2^{-1}$
14	$1.0997*10^{-14}$	$4.2157*10^{-18}$	$1.4574*10^{-12}$
16	$1.0812*10^{-14}$	$1.0328*10^{-18}$	$9,1583*10\ 3^{-1}$

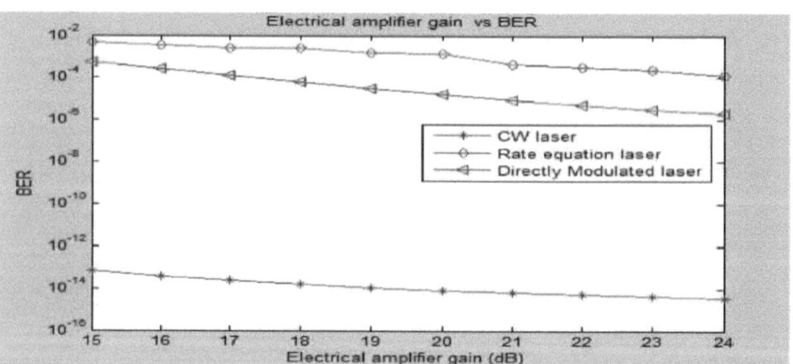

Figura 4.16: BER versus ganho do amplificador elétrico a 0 dBm

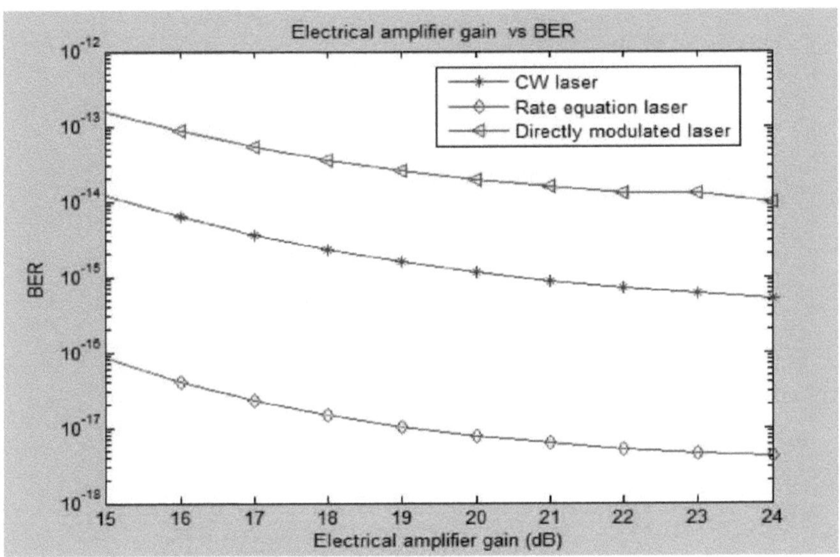

Figura 4.17: BER versus ganho do amplificador elétrico a 10 dBm

A Figura 4.16 mostra a BER média para diferentes valores de ganho do amplificador elétrico a 0 dBm. Para estudar a melhoria da BER, analisam-se vários ganhos do amplificador elétrico na extremidade do recetor. Observa-se que, à medida que se varia o ganho do amplificador elétrico de 15 dBm para 24 dBm, se observa uma melhoria significativa no desempenho da BER. O desempenho do sistema que emprega o laser CW dá o BER mais baixo, melhorando o desempenho geral do sistema, enquanto o sistema que emprega o laser de equação de taxa dá o BER mais alto, deteriorando assim o desempenho do sistema. A 10 dBm, o sistema RoF que utiliza o laser de equação de taxa apresenta um melhor desempenho em termos de BER do que o laser CW, como mostra a figura 4.17.

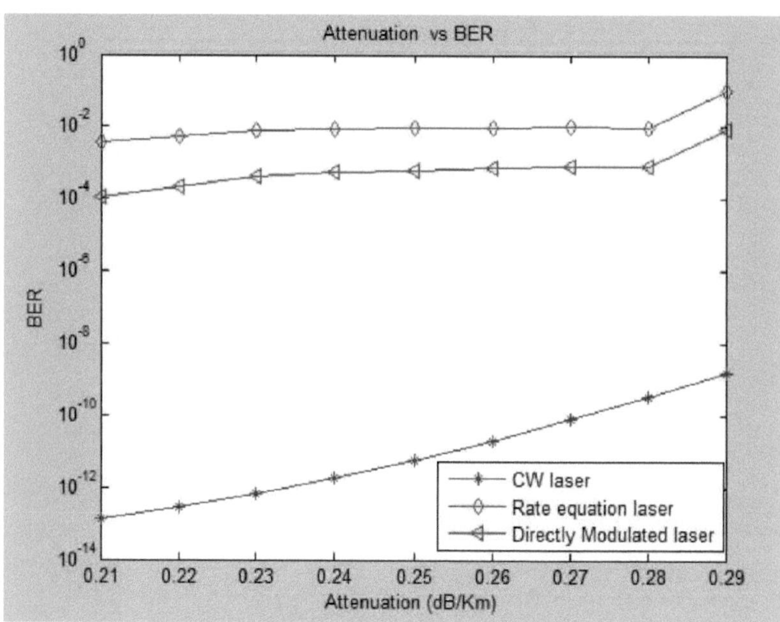

Figura 4.18: BER versus atenuação a 0 dBm

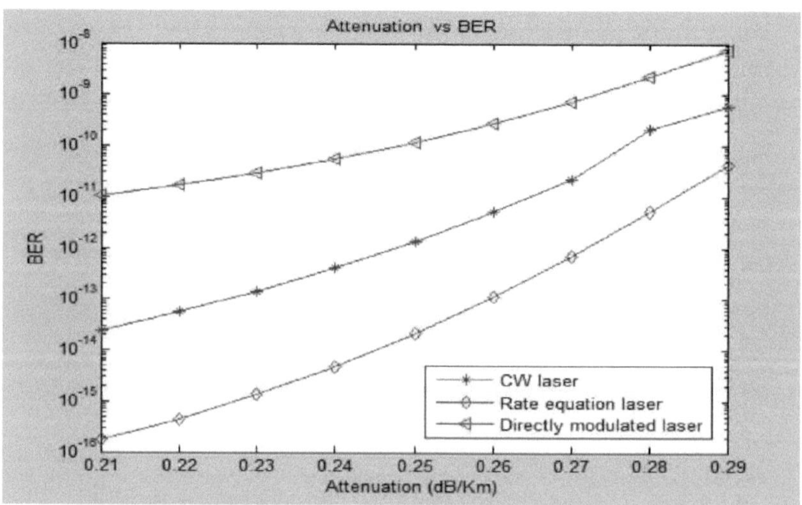

Figura 4.19: BER versus atenuação a 10 dBm

A variação de BER versus atenuação a 0 dBm é mostrada na figura 4.18. O desempenho do sistema RoF foi analisado variando a atenuação de 0,21 dB/Km para 0,29 dB/Km. A atenuação numa fibra ótica é causada por absorção, dispersão e perdas por flexão. Assim, à medida que a atenuação aumenta, a BER do sistema torna-se fraca e o fator Q diminui, como mostra a figura 4.18. A BER varia de $1,305*10^{-13}$ a $1,585*10^{-9}$ no sistema que utiliza laser CW, de $4,62*10^{-3}$ a $5,99*10^{-2}$ no sistema que utiliza laser de equação de taxa e de $1,11*10^{-3}$ a $3,51*10^{-2}$. Por conseguinte, o sistema que utiliza o laser CW é o menos afetado pela atenuação e o sistema que utiliza o laser de equação da taxa é o mais afetado pela atenuação. A 10 dBm, o sistema que utiliza o laser de equação da taxa é o menos afetado pela atenuação e o sistema que utiliza o laser CW é o mais afetado pela atenuação, como mostra a figura 4.19.

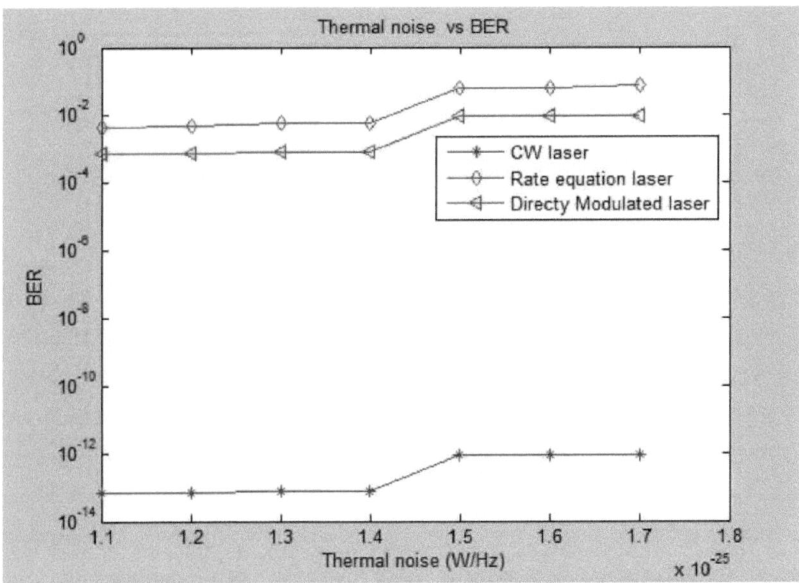

Figura 4.20: BER versus ruído térmico a 0 dBm

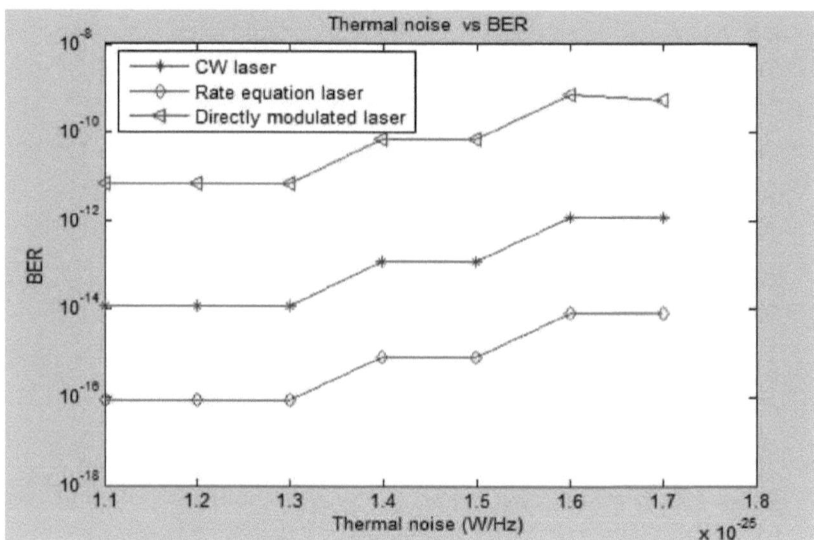

Figura 4.21: BER versus ruído térmico a 10 dBm

A Figura 4.20 simplifica os resultados da simulação para o ruído térmico no sistema a 0dBm. À medida que o valor do ruído térmico aumenta no sistema, de $1,1*10^{-25}$ para $1,8*10^{-25}$, o desempenho da BER diminui. A 0 dBm, o sistema que emprega laser CW apresenta BER de ordem 10^{-14}, DML de ordem 10^{-4} e laser de equação de taxa de ordem 10^{-3}. Isto indica claramente que o sistema que contém o laser CW é menos afetado pelo ruído térmico e apresenta o melhor desempenho. Enquanto que o sistema que contém o laser de equação de taxa apresenta o pior desempenho. Mas a 10 dBm, observa-se uma BER da ordem de 10^{-17} no sistema que contém o laser de equação de taxa, seguido do laser CW, no qual se observa uma BER da ordem de 10^{-14} e de 10^{-12} no sistema que emprega o laser DML, como mostra a figura 4.21. Isto mostra que, a uma maior potência do transmissor ótico, o laser de equação de taxa é menos afetado pelo ruído térmico e apresenta o melhor desempenho do sistema, enquanto o DML apresenta o pior desempenho.

4.6 Conclusão

Neste capítulo, é analisado o desempenho do sistema RoF utilizando diferentes lasers, ou seja, laser CW, laser de equação de taxa e laser diretamente modulado. A análise foi efectuada utilizando a taxa de erro de bits como métrica de desempenho. Os resultados da simulação demonstraram que o sistema RoF que utiliza o laser CW apresenta o melhor desempenho para uma potência de transmissão ótica baixa, ou seja, inferior a 5 dBm, e que este sistema é menos afetado pela presença de vários ruídos no sistema. À medida que a potência ótica do transmissor aumenta acima de 5 dBm, o sistema RoF que utiliza o laser de equação de taxa dá os melhores resultados e é menos afetado pela presença de vários ruídos no sistema. Uma vez que o sistema que utiliza o laser CW apresenta um melhor desempenho BER mesmo com uma potência de transmissão ótica baixa, isto indica claramente que é o mais adequado para o sistema RoF.

CAPÍTULO- 5

Análise comparativa das técnicas de modulação Amplitude Shift Keying e Differential Phase Shift Keying no sistema RoF

5.1 Introdução

O sistema de fibra ótica fornece serviços de banda larga e aplicações avançadas de Internet a alta velocidade, porque este sistema possui infra-estruturas de transporte de alta capacidade. Este sistema também permite obter baixos custos por bit transmitido com elevada eficiência espetral. Para aumentar a capacidade das redes de comunicações ópticas existentes, são utilizados esquemas de modulação avançados. A chave básica para construir uma rede de fibra ótica de alta capacidade, flexível e económica, é escolher um formato de modulação correto [15]. Os formatos de modulação avançados melhoram a utilização e a capacidade do canal. Os esquemas de modulação digital são preferidos na transmissão ótica por uma série de razões, incluindo o desempenho, a compatibilidade com o mundo digital, a capacidade de introduzir codificação, encriptação, compressão e processamento de sinais. Ao utilizar diferentes formatos de modulação, podemos obter um melhor desempenho da fibra ótica. Neste capítulo, analisamos o desempenho do sistema RoF utilizando a multiplexagem de subportadoras (SCM) nas técnicas de modulação ASK e DPSK. Como foi analisado no capítulo anterior que o laser CW fornece melhores resultados quando operado a baixa potência, então nestes modelos de simulação empregando a técnica ASK e DPSK, o laser CW é usado.

5.2 Multiplexação de subportadoras

A multiplexagem de subportadoras é uma tecnologia promissora para sistemas de rádio sobre fibra. Estes sistemas podem transmitir sinais digitais, bem como sinais analógicos, utilizando alguns canais. Dado que a largura de banda disponível na fibra ótica é muito maior do que a dos sinais electrónicos, a SCM permite-nos combinar vários sinais electrónicos e depois utilizar a fibra ótica para distribuir este sinal combinado, o que permitirá uma melhor utilização da largura de banda ótica [11]. Combinando múltiplos sinais RF e utilizando depois a fibra ótica, que tem baixa atenuação, para a distribuição destes sinais combinados, o SCM permite uma transmissão de alta capacidade a elevados débitos de dados. Proporciona transmissões de elevada capacidade a custos mais baixos e permite o acesso sem fios com base em fibra ótica. Esta tecnologia tem tido uma aplicação alargada devido à sua simplicidade e rentabilidade. A multiplexagem de subportadoras (SCM) melhora ainda mais a configuração RoF.

5.3 Técnicas de modulação digital

5.3.1 Chaveamento de mudança de amplitude

O ASK (Amplitude Shift Keying) é uma técnica de modulação digital em que a amplitude do sinal portador é variada para criar elementos de sinal. Tanto a frequência como a fase permanecem constantes enquanto a amplitude muda. Em ASK, a amplitude da portadora assume uma das duas amplitudes dependentes dos estados lógicos do fluxo de bits de entrada. Este sinal modulado pode ser expresso como:

$$x_o(t)=\begin{cases} 0 & \text{symbol "0"} \\ A\cos w_c t & \text{symbol "1"} \end{cases} \tag{1}$$

A codificação por deslocamento de amplitude (ASK) confere a uma sinusoide dois ou mais níveis discretos de amplitude. Estes estão relacionados com o número de níveis adoptados pela mensagem digital. Para uma sequência de mensagens binárias, existem dois níveis, um dos quais é tipicamente zero. Assim, a forma de onda modulada consiste em rajadas de uma sinusoide. A figura 5.1 ilustra um sinal ASK binário (em baixo), juntamente com a sequência binária que o iniciou (em cima). Nenhum dos sinais foi limitado por banda.

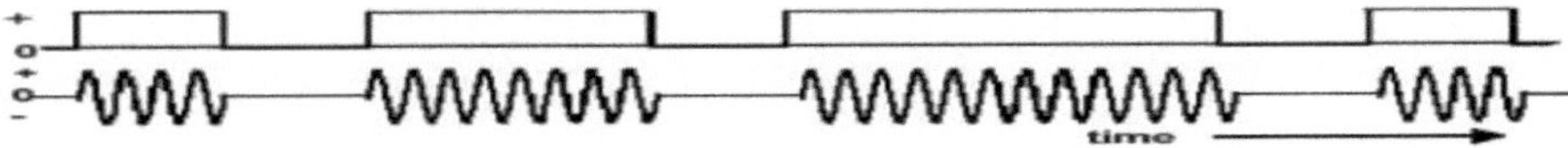

Figura 5.1: Sinal ASK (em baixo) e a mensagem (em cima) [15]

Existem descontinuidades acentuadas nos pontos de transição. Estas resultam no facto de o sinal ter uma largura de banda desnecessariamente larga. A limitação de banda é geralmente introduzida antes da transmissão, caso em que estas descontinuidades seriam "arredondadas". A limitação de banda pode ser aplicada à mensagem digital ou ao próprio sinal modulado. A taxa de dados é frequentemente transformada num submúltiplo da frequência portadora. Isto foi feito na forma de onda da figura 5.1.

Como já foi indicado, as descontinuidades acentuadas na forma de onda ASK da figura 5.1 implicam uma ampla largura de banda. Pode ser aceite uma redução significativa antes de os erros no recetor aumentarem de forma inaceitável. Isto pode ser conseguido através da limitação de banda (modelação de impulsos) da mensagem antes da modulação ou da limitação de banda do próprio sinal ASK após a geração.

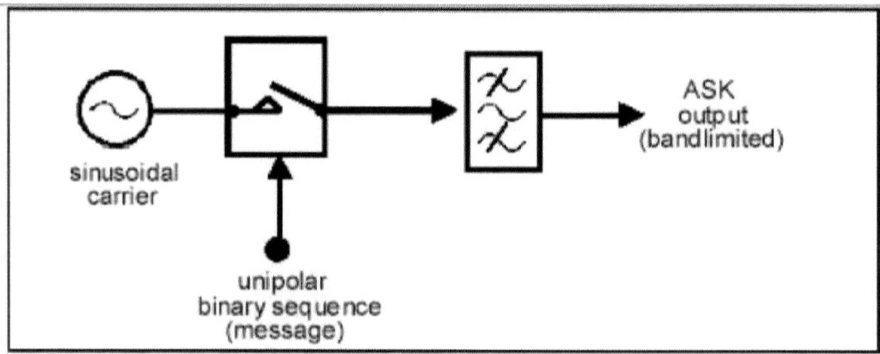

Figura 5.2: Método de geração ASK [15]

O ASK apresenta um fraco desempenho e é sensível ao ruído atmosférico, à distorção e às condições de propagação em diferentes rotas na RTPC. Exige uma largura de banda excessiva e é, por conseguinte, um desperdício de energia. Uma das desvantagens do ASK, em comparação com o FSK e o PSK, é o facto de não ter um envelope constante. Isto torna o seu processamento (por exemplo, amplificação de potência) mais difícil, uma vez que a linearidade se torna um fator importante.

5.3.2 Chaveamento por deslocamento de fase diferencial

A comutação por deslocamento de fase diferencial (DPSK) é uma forma comum de modulação de fase que transmite dados alterando a fase da onda portadora. No Phase shift keying, o estado alto contém apenas um ciclo, mas o DPSK contém um ciclo e meio. Uma vez que este esquema depende da diferença entre fases sucessivas, é designado por chaveamento por deslocamento de fase diferencial (DPSK). O DPSK pode ser significativamente mais simples de implementar do que o PSK normal, uma vez que não é necessário que o desmodulador tenha uma cópia do sinal de referência para determinar a fase exacta do sinal recebido (é um esquema não coerente).

Os formatos PSK transportam a informação na fase ótica. No recetor, a fase do bit anterior é utilizada como referência da fase relativa, o que resulta no Differential Phase Shift keying (DPSK). No sistema DPSK, a fase ótica muda entre os bits adjacentes, sendo codificada uma mudança de fase ótica de 0 ou 180 com os dados binários. A principal vantagem do sistema DPSK é o facto de proporcionar um valor OSNR 3dB inferior para a taxa de erro de bit necessária, em comparação com o ASK.

Existem ainda outras vantagens na utilização da modulação DPSK. Um método de deteção de equilíbrio para o sistema DPSK tem sido utilizado com êxito para uma grande tolerância às variações de potência do sinal no circuito de decisão do recetor, porque o limiar de decisão é independente da potência de entrada. Na deteção do equilíbrio, a robustez à filtragem ótica de banda estreita no sistema DPSK é superior à do sistema ASK. O sistema DPSK é mais elástico aos efeitos não lineares do que o sistema ASK. Isto resulta do facto de a potência ótica ser distribuída de forma mais uniforme, uma vez que a potência está presente em todas as ranhuras de bits no sistema DPSK, e de a potência ótica de pico ser 3 dB inferior à do sistema ASK no sistema DPSK para a mesma potência ótica média. Os outros formatos de modulação multinível, como a comutação por deslocamento de fase em quadratura diferencial, permitem uma maior eficiência espetral e uma maior tolerância à dispersão cromática e à dispersão do modo de polarização.

5.4 Modelo de simulação proposto

A Figura 5.3 demonstra a utilização da arquitetura SCM para transmitir vários canais analógicos e um sinal digital de amplitude-shift keying (ASK). Este modelo é simulado para 2 utilizadores. A taxa de transmissão deste sistema é de 2 Gbps. No escritório central (CO), 2 geradores de sequência de bits pseudo-aleatórios (PRBS), cada um com uma taxa de bits de 1 Gbps, geram um sinal lógico, ou seja, na forma de 1 (ligado) e 0 (desligado). Os geradores de impulsos NRZ transformam o sinal digital de entrada num sinal elétrico NRZ e criam uma sequência de impulsos sem retorno a zero codificados por um sinal digital de entrada. O laser de onda contínua (CW) que funciona a uma frequência de 193,1 THz é modulado através de um modulador LiNb Mach-Zehnder de modo a gerar sinais a jusante. Os sinais de dados de ligação descendente são misturados com sinais de oscilador local com frequências de 60 GHz e 65 GHz e um gerador de portadora de frequência de 49,25 MHz. Este sinal passa através de uma fibra monomodo (SMF) com 50 km de comprimento, comprimento de onda de referência de 1550 nm e atenuação de 0,2 dB/Km. É depois amplificado por um amplificador ótico cujo ganho é de 20 dB. Este sinal ótico é agora dividido em dois sinais por um repartidor ótico. Um outro foto-detetor converterá este sinal ótico diretamente em sinal de banda de base. Este sinal é desmodulado e passa por um filtro gaussiano passa-baixo (frequência de corte = 0,75 * taxa de bits Hz) que é utilizado para filtrar os componentes de frequência mais elevada.

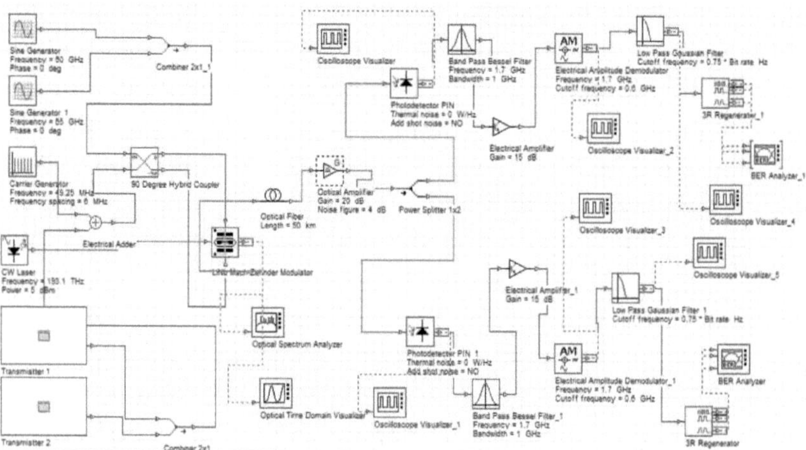

Figura 5.3: Configuração de simulação proposta para a técnica ASK

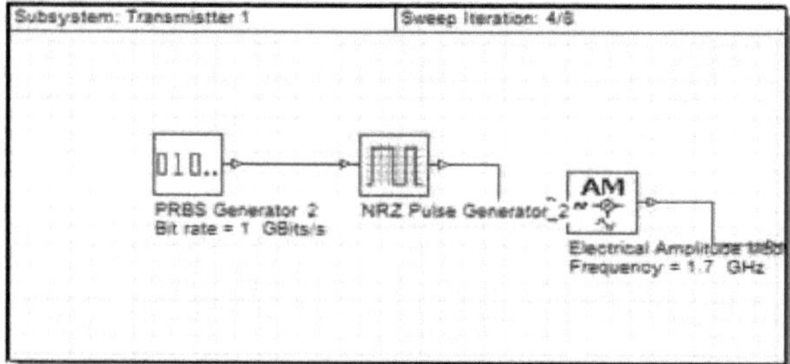

Figura 5.4: Subsistema - Transmissor 1

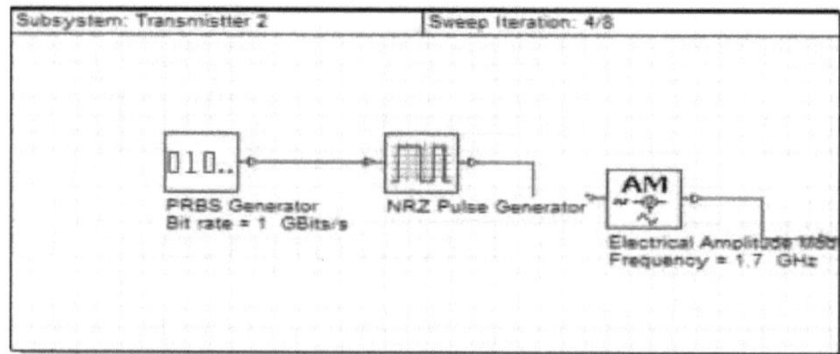

Figura 5.5: Subsistema - Transmissor 2

A Figura 5.6 demonstra o diagrama de blocos geral do sistema RoF utilizando a técnica de modulação DPSK.

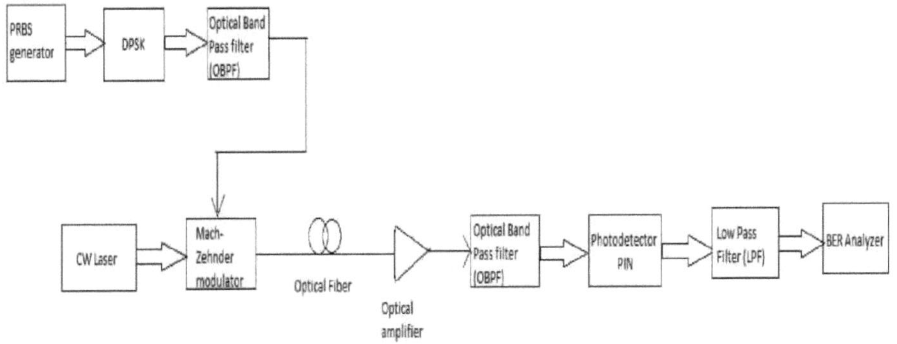

Figura 5.6: Diagrama de blocos do sistema RoF utilizando a técnica de modulação DPSK

A Figura 5.7 mostra a configuração de simulação do sistema RoF utilizando a técnica DPSK para dois utilizadores. São utilizados dois geradores de sequências de bits pseudo-aleatórias (PRBS) (cada um com uma taxa de bits de 1 Gbit/s) para modular dois sinais de dados diferentes. Estes sinais de dados irão então modular duas portadoras eléctricas diferentes cujas frequências são 60 GHz e 65 GHz. Estes sinais são então passados através de filtros passa-banda e depois combinados utilizando um combinador de potência eléctrica. Este sinal combinado é utilizado para modular uma portadora ótica cuja frequência é de 193,1 THz. Esta tarefa é efectuada por um modulador mach-zehnder (MZM). Este sinal passa através de uma SMF com 50 km de comprimento e um comprimento de onda de referência de 1550 nm, sendo depois amplificado com um amplificador ótico com um ganho de 20 dB. Este sinal ótico é agora dividido em dois sinais por um repartidor ótico. Estes sinais ópticos passam por um filtro passa-banda ótico cujas frequências são, respetivamente, 193,119 THz e 193,120 THz e cuja largura de banda é igual a 1,5 * taxa de bits. O fotodetector converterá estes sinais ópticos filtrados diretamente em sinal de banda base. Para filtrar os componentes de frequência mais elevada, utiliza-se um filtro Gaussiano passa-baixo (frequência de corte = 0,75 * taxa de bits Hz). Os dados que foram inicialmente transmitidos são agora finalmente recebidos. Os diagramas oculares para o sistema que utiliza técnicas de modulação ASK e DPSK a 10 dBm são apresentados na figura 5.8 e na figura 5.9, respetivamente.

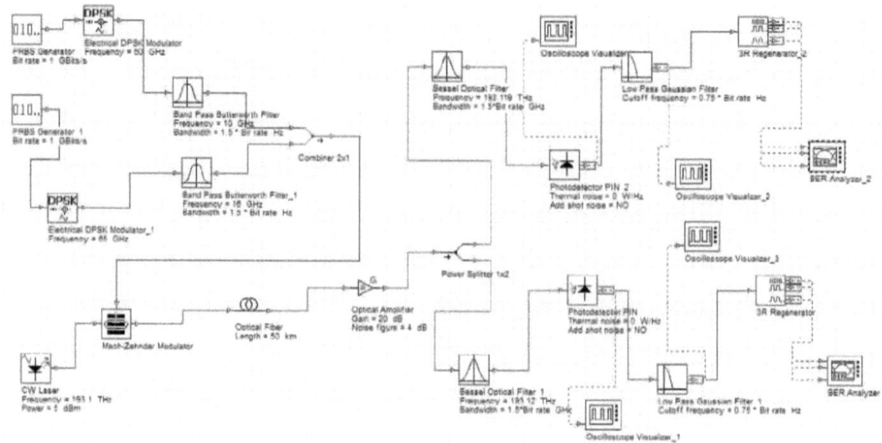

Figura 5.7: Configuração de simulação proposta para a técnica DPSK

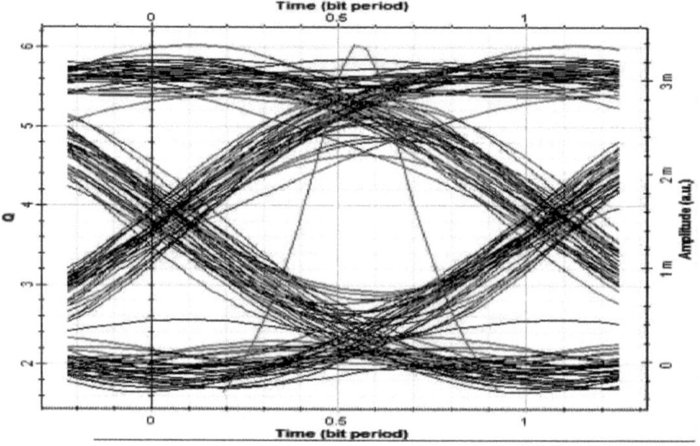

Figura 5.8: Diagrama ocular do sistema que utiliza modulação ASK a 10 dBm

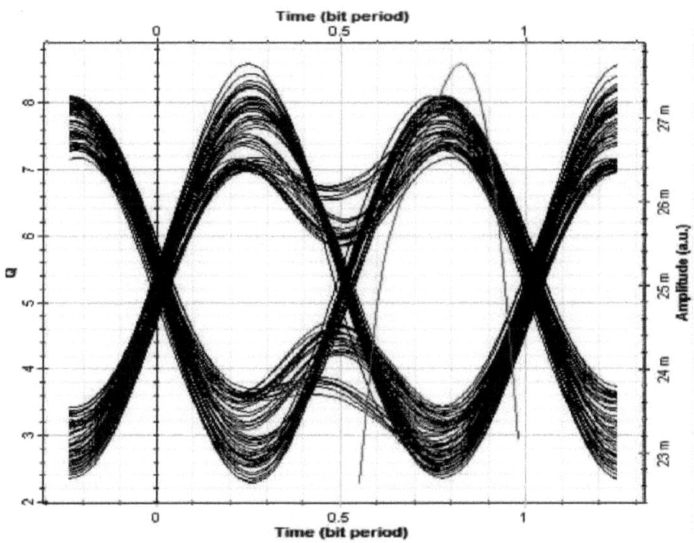

Figura 5.9: Diagrama ocular para o sistema que utiliza a técnica de modulação DPSK a 10 dBm

Tabela 5.1: Parâmetros do sistema utilizados na simulação

Parâmetros	Valores
Taxa de bits	2 Gbps
Potência do transmissor ótico	5 dBm, 10 dBm
Frequência do transmissor ótico	193,1 THz
Frequência portadora eléctrica	60 GHz, 65 GHz
Comprimento da fibra	50Km
Ganho do amplificador ótico	20 dB
Comprimento de onda	1550 nm
Índice de ruído	4 dB
Ruído térmico	0 W/Hz
Ruído de disparo	Não presente

5.5 Resultados e discussões

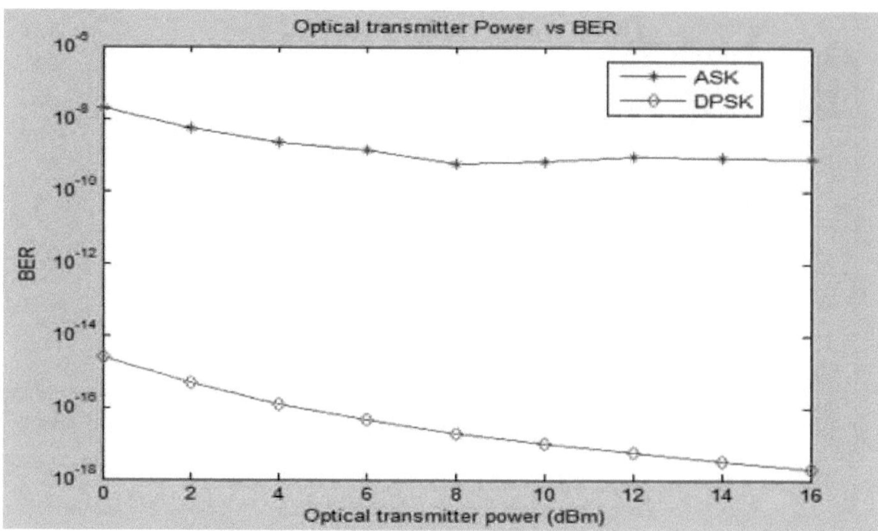

Figura 5.10: BER versus potência do transmissor ótico a 2 Gbps

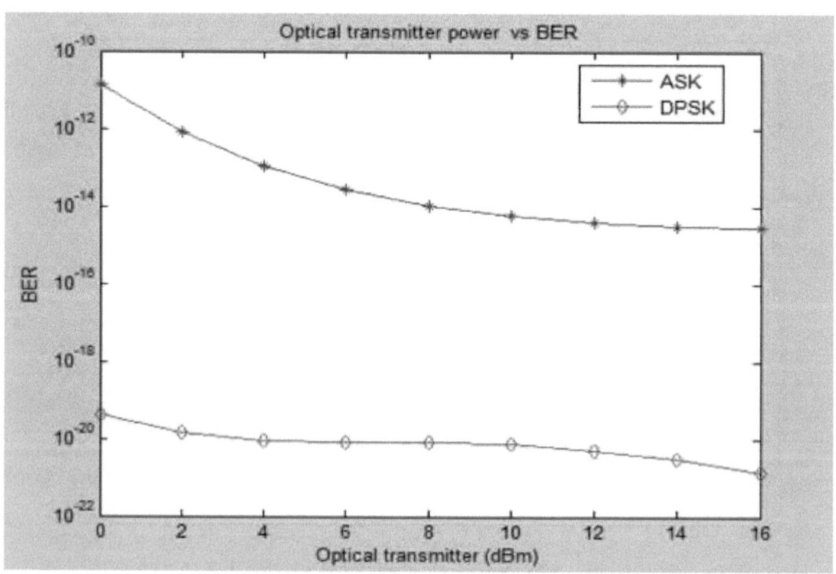

Figura 5.11: BER versus potência do transmissor ótico a 1 Gbps

A variação da BER em função da potência do transmissor ótico a uma taxa de dados de 1 Gbps e 2 Gbps é apresentada na figura 5.10 e na figura 5.11, respetivamente. Observa-se na figura 5.10 e na figura 5.11 que, à medida que a potência do transmissor ótico aumenta de 0 dBm para 16 dBm, o desempenho da BER melhora. A figura 5.10 mostra claramente que o sistema RoF que utiliza a técnica de modulação DPSK apresenta uma BER melhorada em comparação com o sistema em que é utilizada a modulação ASK. Esta análise é efectuada a uma taxa de bits de 2 Gbps. Do mesmo modo, quando a simulação é efectuada a 1 Gbps, mais uma vez o sistema que utiliza a técnica de modulação DPSK apresenta uma melhor BER em comparação com o sistema em que é utilizada a modulação ASK, como mostra a figura 5.11. O sistema apresenta melhores resultados a uma taxa de dados mais baixa do que a uma taxa de dados mais elevada. Assim, o fator de qualidade do nosso sistema pode ser melhorado aumentando a potência do transmissor ótico de entrada do sistema.

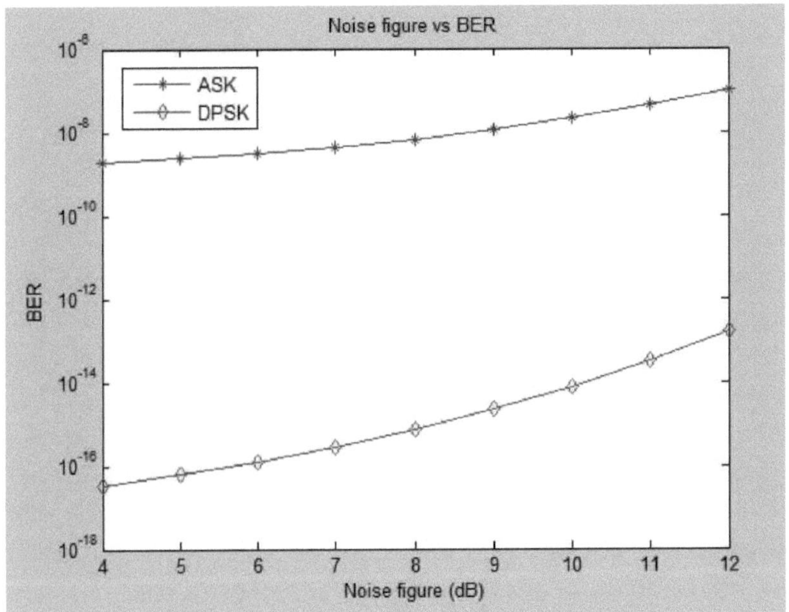

Figura 5.12: BER versus figura de ruído a 5 dBm

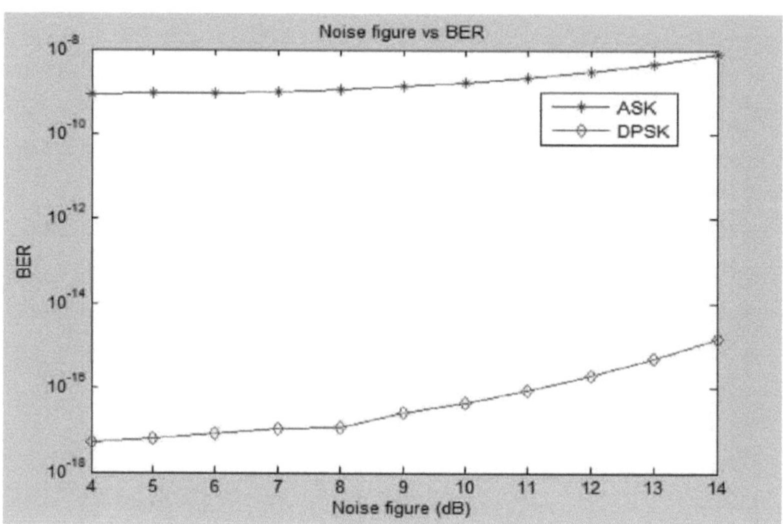

Figura 5.13: BER versus figura de ruído a 10 dBm

O desempenho do sistema RoF em termos de taxa de erro de bits com diferentes valores da figura de ruído é apresentado na figura 5.12 e na figura 5.13 com uma potência de transmissão ótica de 5 dBm e 10 dBm, respetivamente. A figura de ruído de um sistema é a diminuição ou degradação da relação sinal/ruído à medida que o sinal passa pelo sistema. Por conseguinte, à medida que o valor da figura de ruído do amplificador ótico aumenta, a BER degrada-se, como mostram as figuras 5.12 e 5.13. A figura 5.12 indica BER versus figura de ruído a 5 dBm. Indica claramente que o sistema que utiliza a técnica de modulação DPSK é menos afetado pelo aumento da figura de ruído, pois apresenta uma BER mais baixa do que o sistema em que é utilizada a modulação ASK. A Figura 5.13 mostra BER versus figura de ruído a 10 dBm. Observa-se que, quando a figura de ruído do sistema que incorpora a modulação DPSK é de 4 dB, obtém-se uma BER de $1,05*10^{-17}$ e $5,11*10^{-18}$ a 5 dBm e 10 dBm, respetivamente. Isto mostra que, com o aumento da potência do transmissor ótico, o sistema apresenta melhor BER quando a figura de ruído varia de 4 dB a 14 dB.

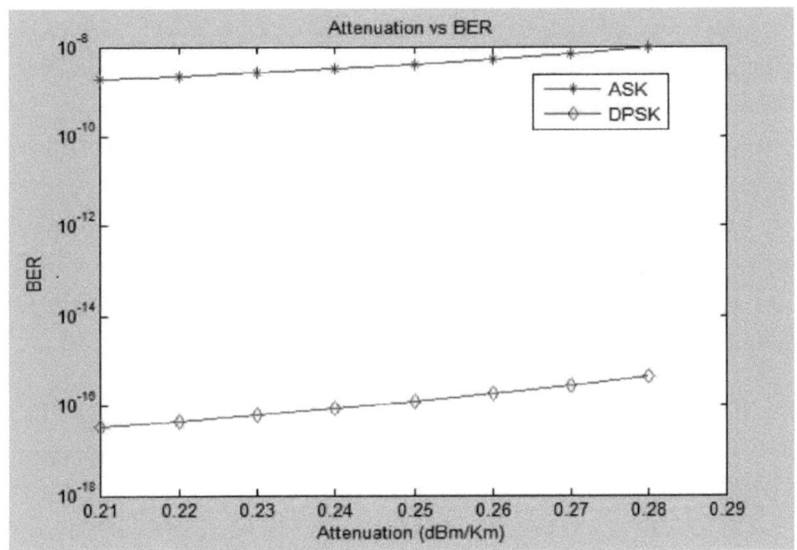

Figura 5.14: BER versus atenuação a 5 dBm

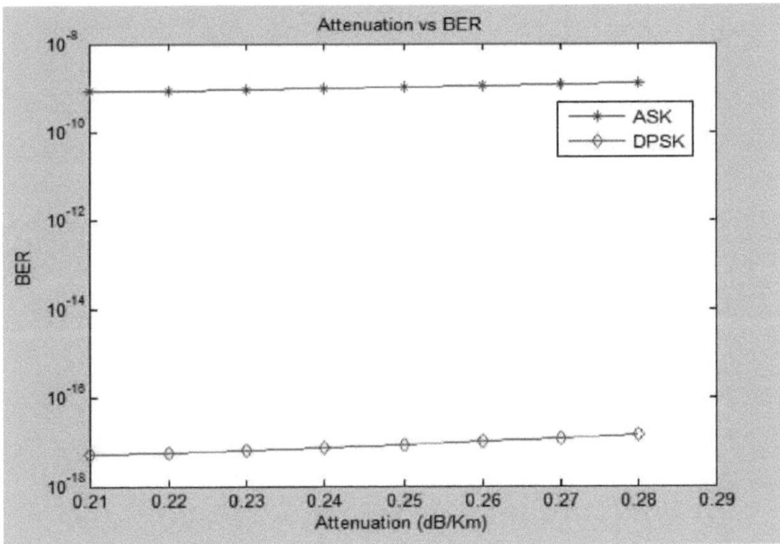

Figura 5.15: BER versus atenuação a 10 dBm

A variação de BER versus atenuação a 5 dBm e 10 dBm é mostrada na figura 5.14 e na figura 5.15, respetivamente. O desempenho do sistema RoF incorporando as técnicas de modulação DPSK e ASK foi analisado variando a atenuação de 0,21 dB/Km para 0,29 dB/Km. A atenuação numa fibra ótica é causada por absorção, dispersão e perdas por flexão. Assim, à medida que a atenuação aumenta, a

BER do sistema torna-se fraca e o fator Q diminui, como se mostra na figura 5.14 e na figura 5.15. Isto indica claramente que o sistema que utiliza a técnica de modulação DPSK é menos afetado pela atenuação e, por conseguinte, apresenta uma BER mais baixa do que o sistema em que é utilizada a modulação ASK. Observa-se que, quando a atenuação do sistema que utiliza a modulação DPSK é de 0,21 dB/Km, apresenta uma BER de $3,47*10^{-17}$ e $5,11*10^{-18}$ a 5 dBm e 10 dBm, respetivamente. Isto mostra que, com o aumento da potência do transmissor ótico, o sistema apresenta uma melhor BER quando a atenuação varia entre 0,21 dB/Km e 0,29 dB/Km. Por conseguinte, com uma potência de transmissão mais elevada, o efeito da atenuação diminui no sistema à medida que varia entre 0,21 dB/Km e 0,29 dB/Km.

5.6 Conclusão

Neste capítulo, analisamos o desempenho do sistema de rádio sobre fibra utilizando a multiplexagem de subportadoras (SCM) nas técnicas de modulação ASK e DPSK. A análise foi efectuada utilizando a taxa de erro de bits como métrica de desempenho. Os resultados da simulação demonstraram que o sistema que utiliza a técnica de modulação DPSK é melhor do que a técnica de modulação ASK para o sistema de rádio sobre fibra devido ao fator de qualidade mais elevado e à taxa de erro de bits mínima. No sistema que utiliza a técnica de modulação DPSK, foi simulada a deteção direta do sinal de banda de base. Neste sistema, os componentes electrónicos são reduzidos e a necessidade de desmodulação eléctrica foi eliminada. Por conseguinte, no recetor, o sinal ótico é convertido diretamente em sinal de banda de base, utilizando apenas uma unidade de desmodulação ótica. Isto torna o sistema mais simples e mais barato também. O desempenho do sistema é observado e comparado através da variação da potência do emissor ótico, da atenuação, da taxa de bits e da figura de ruído.

REFERÊNCIAS

[1] Raj Kumar Singh, Dr. A.K. Jain, "Research Issues in Wireless Networks", International Journal of Advanced Research in Computer Science and Software Engineering, vol. 2, no. 4, pp. 115-118, 2012.

[2] K.S. Trivedi, X. Ma, S. Dharmarja, "Performability modeling of wireless communication systems", International Journal of Communication Systems, vol. 16, no. 6, pp. 561-577, 2003.

[3] Nirmalathas, A., Gamage, P.A., Lim, C., Novak, D. Waterhouse, "Digitized Radio- Over-Fiber Technologies for Converged Optical Wireless Access Network", Journal of Lightwave Technology, vol. 28, no. 16, pp. 2366-2375, 2010.

[4] J. Ma, J. Yu, C. Yu, X. Xin, J. Zeng, L. Chen, "Fiber dispersion influence on transmission of the optical millimeter-waves generated using LN-MZM intensity modulation", Journal of Lightwave Technology, vol. 25, no.11, pp. 3244-3256, 2007.

[5] B. A. Khawaja, M. J. Cryan, "Wireless hybrid mode locked lasers for next generation radio over fiber systems," Journal of Lightwave Technology, vol. 28, n.º 16, pp. 22682276, 2010.

[6] H. Rzaigui, J. Poette, B. Cabon, F. Brendel e R. Khayatzadeh, "Optical heterodyning for reduction of chromatic dispersion sensitivity in 60 GHz mode-locked laser systems", Journal of Lightwave Technology, vol. 31, n.º 17, pp. 2955-2960, 2013.

[7] Zhenbo Xu, Xiupu Zhang, " Employing inverse return-to-zero and Manchester formats for uplink wavelength reuse in RoF systems", Optics communication, vol. 284, no. 13, pp. 3403-3407, 2011.

[8] Husam Abduldaem Mohammed, " Performance Evaluation of DWDM for Radio over Fiber System with Dispersion Compensation and EDFA", International Journal of Computer Application, vol. 72, no. 4, pp. 4011-4016, 2013.

[9] Rakesh Goyal, Rajneesh Randhawa, R.S. Kaler, "Single tone and multi tone microwave over fiber communication system using direct detection method", Optik- International Journal for Light and Electron Optics, vol. 123, no. 10, pp. 917-923, 2012.

[10] Simranjit Singh, Amit Kapoor, Gurpreet Kaur, R.S. Kaler, Rakesh Goyal, "Investigation on wavelength re-modulated bi-diretional passive optical network for different modulation formats", Optik- International Journal for Light and Electron Optics, vol. 125, no. 18, pp. 5378-5382, 2014.

[11] Ajay Kumar Vyas, Dr. Navneet Agrawal, "Radio over Fiber: Future Technology of Communication", International Journal of Emerging Trends & Technology in Computer Science , vol. 1, no. 2, pp. 233-237, 2012.

[12] Rakesh Goyal, R.S. Kaler, "A novel architecture of hybrid (WDM/TDM) passive optical networks with suitable modulation format", Optical Fiber Technology, vol. 18, pp. 518-522, 2012.

[13] H. Kosek, Yifeng He, Xijia Gu, X. Fernando, "All-Optical Demultiplexing of WLAN and Cellular CDMA Radio Signals", Journal of Lightwave Technology, vol. 25, n.º 6, pp. 1401-1409, 2007.

[14] M. V. Raghavendra, P. H. Prasad, "Estimation of Optical Link Length for Multi Haul Applications", International Journal of Engineering Science and Technology, vol. 2, pp. 1485-1491, 2010.

[15] Mitchell, J.E, "Integrated Wireless Backhaul Over Optical Access Network", Journal of Lightwave Technology, vol. 32, n.º 20, pp. 3373-3382, 2014.

[16] A. Sangeetha, S. K. Sudheer, K. Anusudha, "Performance Analysis of NRZ, RZ, and Chirped RZ Transmission Formats in Dispersion Managed 10 Gbit/sec Long Haul DWDM Lightwave Systems", International Journal of Recent Trends in Engineering, vol. 2, pp. 103-105, 2009.

[17] Sabapathi Tand, Nanthini Devi B. S, "Combating SRS and FWM in an Optical Fiber through Unequal Spacing and Dispersion", International Journal of Scientific Engineering and Technology, vol. 2, pp. 545-549, 2013.

[18] Husam Abduldaem Mohammed, " Investigation of Performance Evaluation of DWDM for Radio over Fiber System with Dispersion Compensation and EDFA", International Journal of Computer Applications, vol. 72, pp. 9-19, 2013.

[19] Sunil Pratap Singh, Ramgopal Gangwar, Ragini Tripathi, A. K. Sharma, Nar Singh, "Crosstalk reduction in dispersion- interleaved WDM system", Journal of Optoelectronics and Advanced Materials, vol. 11, pp. 1826-1829, 2009.

[20] Keang-Po Ho e Joseph M. Kahn , "Methods for crosstalk measurement and reduction in dense WDM systems", Journal of Lightwave Technology, vol. 14, pp. 11271135, 1996.

[21] M. Sauer, A Kobyakov, J. George, "Radio Over Fiber for Picocellular Network Architectures", Journal of Lightwave Technology, vol. 25, n.º 7, pp. 3301-3320, 2007.

[22] R. S. Tucker, "Green Optical Communications-Part II: Energy Limitations in Networks", IEEE J. Sel. Topics Quantum Electron, vol. 17, n.º 2, pp. 261-274, 2011.

[23] Heena Goyal, Jyoti Saxena, Sanjeev Dewra, "Performance Analysis of Optical Communication System using Different Channels", International Journal of Advanced Research in Computer and Communication Engineering, vol. 4, no. 9, pp. 19-22, 2015.

[24] C. Lim, A. Nirmalathas, M. Bakaul, P. Gamage, K.L. Lee, Y. Yang, D. Novak, R. Waterhouse,

"Fiber-Wireless Networks and Subsystem Technologies", Journal of Lightwave Technology, vol. 28, no. 4, pp. 390-405, 2010.

[25] L. Kazovsky, W.T. Shaw, D. Gutierrez, N. Cheng, S.W. Wong, "Next generation optical access networks", Journal of Lightwave Technology, vol. 25, n.º 11, pp. 34283442, 2007.

[26] H. Sun, M. C. Cardakli, K.-M. Feng, J.X. Cai, H. Long, M.I. Hayee, A.E. Willner, "Tunable RF-power fading compensation of multiple-channel double-sideband SCM transmission using a nonlinearly chirped FBG", IEEE Photon. Technol. Lett, vol. 12, no. 5, pp. 546-548, 2000.

[27] B. Hraimel, Zh. Xiupu, M. Mohamed, W. Ke, "Precompensated Optical DoubleSideband Subcarrier Modulation Immune to Fiber Chromatic- Dispersion-Induced Radio Frequency Power Fading", Journal of Optical Communications & Networking, vol. 1, no. 4, pp. 331-342, 2009.

[28] G. Qi, J. Yao, J. Seregelyi, S. Paquet, "Phase-noise analysis of optically generated millimeter-wave signals with external optical modulation techniques", Journal of Lightwave Technology, vol. 24, n.º 12, pp. 4861-4875, 2006.

[29] X. Zhang, B. Liu, J. Yao, K. Wu e R. Kashyap, "A novel millimeter wave band radio over fiber system with dense wavelength division multiplexing bus architecture", IEEE Trans. Microwave Theory Techology, vol. 54, n.º 2, pp. 929-937, 2006.

[30] W.Chen, W.Way, "Multi-channel signal-sideband SCM/DWDM transmission Systems", J. Lightwave Technology, vol. 22, no. 7, pp. 1679-1693, 2004.

[31] M. Bakaul, A. Nirmalathas, e C. Lim, "Multi-functional WDM optical interface for millimeter wave fiber-radio Antenna base station," Journal of Lightwave Technology, vol. 23, no. 3, pp. 1210-1218, 2005.

[32] Shashidharan, Ramin Khayatzadeh , Hamza Hallak Elwan, "Design and simulation of Radio over fiber system and its performance analysis using RZ coding", Journal of Lightwave Technology, vol. 33, pp. 2913- 2919, 2015.

[33] Jeanne James, Pengbo Shen, Anthony Nkansah, Xing Liang, Nathan J. Gomes, "Nonlinearity and Noise Effects in Multi-level Signal Millimeter-Wave over Fiber Transmission using Single and Dual Wavelength Modulation", IEEE Transactions on Microwave theory and techniques society, vol. 58, no. 11, pp. 3189 - 3198, 2010.

[34] M. N. Sakib, B. Hraimel, Xiupu Zhang, Ke Wu, Taijun Liu, Tiefeng Xu, Qiuhua Nie, "Impact of Laser Relative Intensity Noise on a Multiband OFDM Ultra wideband Wireless Signal over Fiber System", Journal of Optical Communications and Networking, vol. 2, no.10, pp. 841-847, 2010.

[35] Arya Mohan, Heena Goyal, Jyoti Saxena, "Full duplex transmission in ROF system using

WDM and OADM technology", International Journal of Advanced Research in Computer and Communication Engineering, vol. 4, pp. 19-22, 2015.

[36] Osama A, Sumant Ku. Mohapatra, Ramya Ranjan Choudhury, "High transmission capacity performance of Radio over fiber system for short and long distance", International Journal of Computer Networks & Communications, vol. 6, pp. 159-181, 2014.

[37] Shuvodip Das, Amrinder Kaur, Sanjeev Dewra," Modeling and performance analysis of RoF system for home area network with different line coding schemes using optisystem", International Journal of Innovative Research in Computer and Communication Engineering, vol. 3, pp. 7193-7200, 2015.

[38] Virendra Kumar,Vishal Upadhyay, Arvind Kumar JaiswalA, "Design and performance analysis of optical transmission system", International Journal of Current Engineering and Technology, vol. 4, pp. 2049-2052, 2014.

[39] Johny J, Shashidharan S., "Design and simulation of a radio over fiber system and its performance analysis", Opt Network Technol Data Secur, St. Petersburg, pp. 636-639, 35 Oct. 2012.

[40] AbdEl-Naser A. Mohame ,Davide Visani, Giovanni Tartarini, Pier Faccin , Luigi Tarlazzi "Transmission characteristics of Radio over fiber (RoF) millimeter wave systems in local area optical communication Networks", Int. J. Advanced Networking and Applications, vol. 2, n.º 6, pp. 876-886, 2011.

[41] El-Sayed A. El-Badawy, Abd El-Naser A. Mohamed, A. N. Z. Rashed, Mohamed S. F. Tabbour, "New Trends of Radio over Fiber Communication Systems for Ultra High Transmission Capacity", International Journal of Communication Networks and information security, vol. 3, no. 3, 2011.

[42] Atsushi Kanno, Toshiaki Kuri, Iwao Hosako, Tetsuya Kawanishi, Yuki Yoshida, Yoshihiro Yasumura, Kenichi Kitayama, "Transmissão MIMO ótica e por rádio de ondas milimétricas sem descontinuidades com base numa tecnologia de rádio sobre fibra", Optics Express, vol. 20, pp. 29395-29403, 2012.

[43] Ramin Khayatzadeh, Hamza Hallak Elwan, Julien Poette, Beatrice Cabon, "Impact of Amplitude Noise in Millimeter-Wave Radio-Over-Fiber Systems", Journal of lightwave technology, vol. 33, n.º 13, pp. 2913-3919, 2015.

[44] Apurva S. Gowda, Ahmad R. Dhaini, Leonid G. Kazovsky, Hejie Yang, Solomon T. Abraha, Anthony Ng'oma, "Towards Green Optical/Wireless In-Building Networks: Radio-Over-Fiber", Journal of lightwave technology, vol. 32, pp. 2466-2468, 2014.

[45] Abd El-Naser A. Mohamed, Mohamed M. E. El-Halawany, Ahmed Nabih Zaki Rashed, Mohamed S. F. Tabbour, "High Transmission Performance of Radio Over Fiber Systems over Traditional Optical Fiber Communication Systems Using Different Coding Formats for Long Haul Applications" , International Journal of Computer Science and Telecommunications, vol. 2, no.3, pp. 32-45, 2011.

[46] Xiaoqiong Qi, Jiaming Liu, Xiaoping Zhang, Liang Xie, "Fiber Dispersion and Nonlinearity Influences on Transmissions of AM and FM Data Modulation Signals in Radio-Over-Fiber System", IEEE journal of quantum electronics, vol. 46, n.° 8, pp. 11701177, 2010.

[47] Tae-Sik Cho, Kiseon Kim, "Effect of Third-Order Intermodulation on Radio-OverFiber Systems by a Dual-Electrode Mach-Zehnder Modulator With ODSB and OSSB Signals", Journal of Tightwave technology, vol. 24, no. 5, pp. 2052-2058, 2006.

[48] Vikas kumar pandey, Sanjeev Gupta, Bharti Chaurasiya, "Radio-Over-Fiber (ROF) Technology With WDM PON System", International Journal of Innovation and Scientific Research, vol. 7, no. 2, pp. 78-84, 2014.

[49] Abd El-Naser, A. Mohamed, "Radio over Fiber Communication Systems over Multimode Polymer Optical Fibers for Short Transmission Distances under Modulation Technique", International Journal of Science & Technology, vol. 1, no.2, pp. 60-68, 2011.

[50] R. Karthikeyan, Dr. S. Prakasam, "Melhoria do sinal OFDM usando rádio sobre fibra para sistema sem fio", IJCNWC, vol. 3, no. 3, pp. 287-291, 2013.

[51] David Wake, David Wake, Anthony Nkansah, Nathan J. Gomes, "Radio Over Fiber Link Design for Next Generation Wireless Systems", Journal of lightwave technology, vol. 28, n.° 16, pp. 2456-2464, 2010.

[52] Mohammad Shaifur Rahman, Jung Hyun Lee, Youngil Park, Ki-Doo Kim, "Radio over Fiber as a Cost Effective Technology for Transmission of WiMAX Signals", International Journal of Electrical, Computer, Energetic, Electronic and Communication Engineering vol. 3, no.8, pp. 1647-1651, 2009.

[53] T. Niiho, M. Nakaso, K. Masuda, H. Sasai, "Transmission performance of multichannel wireless LAN system based on radio-over-fiber techniques", IEEE Transactions on Microwave Theory and Techniques, vol. 54, no. 2, pp. 980-989, 2006.

[54] Michael Sauer, Jacob George, "Radio Over Fiber for Picocellular Network Architectures", Journal of Lightwave Technology, vol. 25, n.° 11, pp. 3301-3320, 2007.

[55] B. Huiszoo, Spuesens, T. Tangdiongga, E. Waardt, de, H. Khoe, Koonen, "Hybrid Radio-Over-

Fiber and OCDMA Architecture for Fiber to the Personal Area Network", Journal of Lightwave Technology, vol. 27, n.º 12, pp. 1904-1911, 2009.

[56] M. Okai, T.Tsuchiya, "Tunable DFB laser with ultra narrow spectral width", Electron. lett., vol. 29, pp. 349-351, 1993.

[57] Fei Zeng, Jianping Yao, "All-Optical Microwave Mixing and bandpass filtering in a Radio-over-Fiber link", IEEE photonics technology letters, vol. 17, pp. 899-901, 2005.

yes
I want morebooks!

Buy your books fast and straightforward online - at one of world's fastest growing online book stores! Environmentally sound due to Print-on-Demand technologies.

Buy your books online at
www.morebooks.shop

Compre os seus livros mais rápido e diretamente na internet, em uma das livrarias on-line com o maior crescimento no mundo! Produção que protege o meio ambiente através das tecnologias de impressão sob demanda.

Compre os seus livros on-line em
www.morebooks.shop

Printed by Books on Demand GmbH, Norderstedt / Germany